U0351028

技工院校一体化课程教学改革规划教材

# 复杂基体元素指标分析工作页

FUZA JITI YUANSU
ZHIBIAO FENXI
GONGZUOYE

刘 通 ◎主编 李云巧 ◎副主编
童华强 ◎主审

化学工业出版社
·北京·

本书主要包含“水质异味排查”、“富硒茶中硒元素分析”、“医用胶囊中铬元素分析”三个环境保护与检测专业技师学习任务，通过三个学习任务来整合环境保护与检验专业技师学生处理和解决疑难问题所涉及的技能点和知识点。本书适合相关专业教师、学生及技术人员阅读。

**图书在版编目(CIP)数据**

复杂基体元素指标分析工作页/刘通主编. —北京：化学工业出版社，2016.1

技工院校一体化课程教学改革规划教材

ISBN 978-7-122-21340-2

Ⅰ.①复… Ⅱ.①刘… Ⅲ.①环境监测 Ⅳ.①X83

中国版本图书馆CIP数据核字（2014）第153854号

责任编辑：曾照华　　装帧设计：韩　飞

责任校对：王素芹

出版发行：化学工业出版社（北京市东城区青年湖南街13号　邮政编码100011）

印　　刷：北京永鑫印刷有限责任公司

装　　订：三河市宇新装订厂

787mm×1092mm　1/16　印张12　字数291千字　2016年2月北京第1版第1次印刷

购书咨询：010-64518888（传真：010-64519686）　售后服务：010-64518899

网　　址：http://www.cip.com.cn

凡购买本书，如有缺损质量问题，本社销售中心负责调换。

**定　　价：35.00元**

# 序

所谓一体化教学的指导思想是指以国家职业标准为依据，以综合职业能力培养为目标，以典型工作任务为载体，以学生为中心，根据典型工作任务和工作过程设计课程体系和内容，培养学生的综合职业能力。在“三三则”原则的基础上，在课程开发实践中，我院逐步提炼出课程开发“六步法”：即一体化课程的开发工作可按照职业和工作分析、确定典型工作任务、学习领域描述、项目实践、课业设计（教学项目设计）、课程实施与评价六个步骤开展。借助“鱼骨图”分析技术，按照工作过程对学习任务的每个环节应学习的知识和技能进行枚举、排列、归纳和总结，获取每个学习任务的操作技能和学习知识结构；同时，利用对一门课的不同学习任务鱼骨图信息的比较、归类、分析与综合，搭建出整个课程的知识、技能的系统化网络。

一体化课程的工作页，是帮助学生实现有效学习的重要工具，其核心任务是帮助学生学会如何工作。 学习任务是指典型工作任务中，具备学习价值的代表性工作任务。学习目标是指完成本学习任务后能够达到的行为程度，包括所希望行为的条件、行为的结果和行为实现的技术标准，引导学习者思考问题的设计。 为了提高学习者完成学习任务的主动性，应向学习者提出需要系统化思考的学习问题，即“引导问题”，并将“引导问题”作为学习工作的主线贯穿于完成学习任务的全部过程，让学生有目标地在学习资源中查找到所需的专业知识、思考并解决专业问题。

本书以环境保护与检测专业水质分析中典型工作任务为基础，以“接受任务、制定方案、实施检测、验收交付、总结拓展”五个工作环节为主线，详细编制了分析检验操作过程中的作业项目、操作要领和技术要求等内容。 本书的最大特点是突出了“完整的操作技能体系和与之相适应的知识结构”的职业教育理念，精心设计了“总结与拓展”环节，并制定了教学环节中的“过程性评价”。 本书章节编排合理，内容系统、连贯、完整，图文并茂，实操性强，具有较强的实用性。 在本书的编写过程中，我们得到了北京市环境保护监测中心、北京市城市排水监测总站有限公司、北京市理化分析测试中心等单位的多名技术专家老师的指导，在此表示衷心的感谢。

编者

2015 年 6 月

# 前 言



本书主要适用环境保护与检验专业，针对全国开设环境保护与检验专业中水质分析检测方面的技工院校和中职学校。

本书是针对环境保护与检验专业中水质分析检测方面一体化技师班学习“复杂基体元素指标分析”专业知识编写的一体化课程教学工作页之一。主要包含“水质异味排查”、“富硒茶中硒元素分析”、“医用胶囊中铬元素分析”三个环境保护与检测专业技师学习任务，通过三个学习任务来整合环境保护与检验专业技师学生处理和解决疑难问题所涉及的技能点和知识点。

本书主要使用引导性问题来引领学生按照六步法的顺序完成学习任务。书中大量使用仪器图片及结构原理图片，使学生在学习上直观易懂，在问题设置上前后衔接紧密，不论是教师教学还是学生学习都能按照企业实际工作流程一步一步完成任务，真正做到一体化教学。

由于编者水平有限，书中难免有不足之处，敬请广大读者指正。

编者

2015 年 6 月

# 目 录



学习任务一 水质异味排查 1
任务书 2
活动一 接受任务 3
活动二 制定方案 18
活动三 实施分析 27
活动四 交付验收 61
活动五 总结拓展 73
学习任务二 富硒茶中硒元素分析 79
任务书 80
活动一 接受任务 81
活动二 制定方案 90
活动三 实施分析 97
活动四 交付验收 112
活动五 总结拓展 123
学习任务三 医用胶囊中铬元素分析 129
任务书 130
活动一 接受任务 131
活动二 制定方案 141
活动三 实施分析 148
活动四 交付验收 164
活动五 总结拓展 176

# 学习任务一

# 水质异味排查

# 任务书

中国北方属于缺水区域，一般使用地下水作为饮用水。某小区经当地政府批准，也采用地下水作为饮用水，地下水也曾经检验符合要求。但最近该小区居民反映：烧开后有股腥味，且带咸味，锅中有垢；金属水龙头使用不到一年，就锈蚀严重。该小区居民担心饮用水水质有问题，长期饮用对身体有危害。现委托我院对其水质进行检测，请你完成水质元素的分析检测。而且他们也很想了解安全饮水、科学饮水、保护水资源等知识。因此，特请你对水质腥味和咸味产生的原因等进行探究，出具检测报告，解决这一疑难问题。同时提交一份作业指导书、一份仪器操作规程、一份技术论文。

工作过程中要求原始记录真实、完整；实验数据结果准确可靠，检测方法符合《GB/T 5750.6—2006 生活饮用水标准检验方法无机非金属指标》技术要求，数据依据《GB 5749—2006 生活饮用水标准》进行判断与解释，检测应具有时效性。

## 活动名称及课时分配表（表1-1）

表 1-1　活动名称及课时分配表

| 活动序号 | 活动名称 | 课时安排 | 备注 |
| --- | --- | --- | --- |
| 1 | 接受任务 | 8 课时 | |
| 2 | 制定方案 | 16 课时 | |
| 3 | 实施检测 | 52 课时 | |
| 4 | 交付验收 | 8 课时 | |
| 5 | 总结与拓展 | 16 课时 | |
| 合计 | | 100 课时 | |

# 活动一 接受任务

**建议学时**：8 课时

**学习要求**：通过该活动，我们要明确“水质异味排查——ICP 多元素分析”任务的要求，填写委托检验书，填写测试任务单，探究水的元素组成、元素限量值、元素的作用和危害、元素存在形式和污染来源、水质腥味和咸味产生原因等问题。具体工作步骤及要求见表 1-2。

**表 1-2 具体工作步骤及要求**

| 序号 | 工作步骤 | 要求 | 时间/min | 备注 |
|---|---|---|---|---|
| 1 | 阅读任务书 | 提取关键词 | 5 | |
| | | 复述任务要素 | 15 | |
| | | 提取任务相应验收要素 | 10 | |
| 2 | 确定检验项目 | 搜索引擎使用 | 15 | |
| | | 根据关键词找到 GB 5749 标准 | 15 | |
| | | 根据标准查找元素限量值 | 15 | |
| | | 搜索水垢原因 | 15 | |
| | | 搜索咸味原因 | 15 | |
| | | 搜索腥味原因 | 15 | |
| | | 搜索营养性元素指标 | 15 | |
| | | 搜索有害元素指标 | 25 | |
| | | 与客户沟通确定检验项目 | 25 | |

续表

| 序号 | 工作步骤 | 要求 | 时间/min | 备注 |
|---|---|---|---|---|
| 3 | 确定检验方法 | 搜集相关规范引用性文件 | 25 | |
| | | 找到并下载GB/T 5750.6 | 15 | |
| | | 总结铝元素检测方法 | 15 | |
| | | 总结锰元素检测方法 | 20 | |
| | | 进行元素分析检验方法比对 | 15 | |
| | | 与客户沟通确定检验方法 | 25 | |
| 4 | 填写委托检验书 | 与客户沟通完整填写委托方信息 | 20 | |
| | | 完整填写检测方信息 | 5 | |
| | | 准确填写样品信息 | 5 | |
| | | 与客户沟通确定检验项目及检测标准方法 | 5 | |
| | | 与客户沟通协商报告交付方式 | 10 | |
| | | 与客户沟通协商检测费用 | 5 | |
| | | 正确交付客户、承检、实验室三方三联单 | 5 | |
| 5 | 活动评价 | | 5 | |

## 一、阅读任务书

**1.** 请阅读任务书，并用“△”标记关键词，同时摘录下来。

**2.** 请描述本次学习任务，在100字内。

**3.** 若要完成本任务，需要提交哪些材料、报告、实物？

## 二、确定检测项目

**4.** 常用的标准搜索引擎有哪些？饮用水相关标准应在哪些网站进行搜索？请用搜索引擎搜索《GB 5749—2006 生活饮用水卫生标准》，并用这一国标文献名保存至个人文件夹。（注：以下问题如有需要，均可使用这些搜索工具寻找答案）

**5.** 通过检索，我们发现我国一直关注生活饮用水安全问题，其标准在 2006 年进行了更新。请查看《GB 5749—2006 生活饮用水卫生标准》，其检测指标由 GB 5749—85 的 35 项增加至 106 项。请填写未标示的常规指标限值（表 1-3）。

**表 1-3 常规指标限值**

| 指　　标 | 限　　值 |
|---|---|
| 1. 微生物指标① | |
| 总大肠菌群(MPN/100mL 或 CFU/100mL) | 不得检出 |
| 耐热大肠菌群(MPN/100mL 或 CFU/100mL) | 不得检出 |
| 大肠埃希氏菌(MPN/100mL 或 CFU/100mL) | 不得检出 |
| 菌落总数/(CFU/mL) | 100 |
| 2. 毒理指标 | |
| 砷/(mg/L) | |
| 镉/(mg/L) | |
| 铬(六价)/(mg/L) | |
| 铅/(mg/L) | |
| 汞/(mg/L) | |
| 硒/(mg/L) | |
| 氰化物/(mg/L) | 0.05 |
| 氟化物/(mg/L) | 1.0 |
| 硝酸盐(以 N 计)/(mg/L) | 10<br>地下水源限制时为 20 |
| 三氯甲烷/(mg/L) | 0.06 |
| 四氯化碳/(mg/L) | 0.002 |
| 溴酸盐(使用臭氧时)/(mg/L) | 0.01 |
| 甲醛(使用臭氧时)/(mg/L) | 0.9 |
| 亚氯酸盐(使用二氧化氯消毒时)/(mg/L) | 0.7 |
| 氯酸盐(使用复合二氧化氯消毒时)/(mg/L) | 0.7 |

续表

| 指　　标 | 限　　值 |
| --- | --- |
| 3. 感官性状和一般化学指标 | |
| 色度(铂钴色度单位) | 15 |
| 浑浊度(NTU-散射浊度单位) | 1<br>水源与净水技术条件限制时为 3 |
| 臭和味 | 无异臭、异味 |
| 肉眼可见物 | 无 |
| pH (pH 单位) | 不小于 6.5 且不大于 8.5 |
| 铝/(mg/L) | |
| 铁/(mg/L) | |
| 锰/(mg/L) | |
| 铜/(mg/L) | |
| 锌/(mg/L) | |
| 氯化物/(mg/L) | 250 |
| 硫酸盐/(mg/L) | |
| 溶解性总固体/(mg/L) | 1000 |
| 总硬度(以 $CaCO_3$ 计)/(mg/L) | |
| 耗氧量($COD_{Mn}$ 法，以 $O_2$ 计)/(mg/L) | 3<br>水源限制，原水耗氧量>6mg/L 时为 5 |
| 挥发酚类(以苯酚计)/(mg/L) | 0.002 |
| 阴离子合成洗涤剂/(mg/L) | 0.3 |
| 4. 放射性指标② | 指导值 |
| 总 α 放射性/(Bq/L) | 0.5 |
| 总 β 放射性/(Bq/L) | 1 |

① MPN 表示最可能数；CFU 表示菌落形成单位。当水样检出总大肠菌群时，应进一步检验大肠埃希氏菌或耐热大肠菌群；水样未检出总大肠菌群，不必检验大肠埃希氏菌或耐热大肠菌群。

② 放射性指标超过指导值，应进行核素分析和评价，判定能否饮用。

**6.** 查看《GB 5749—2006 生活饮用水卫生标准》，请完成未标示的非常规指标限值填写（表 1-4）。

**表 1-4 非常规指标限值**

| 指标 | 限值 |
|---|---|
| 1. 微生物指标 | |
| 贾第鞭毛虫/(个/10L) | <1 |
| 隐孢子虫/(个/10L) | <1 |
| 2. 毒理指标 | |
| 锑/(mg/L) | |
| 钡/(mg/L) | |
| 铍/(mg/L) | |
| 硼/(mg/L) | |
| 钼/(mg/L) | |
| 镍/(mg/L) | |
| 银/(mg/L) | |
| 铊/(mg/L) | |
| 氯化氰(以 $CN^-$ 计)/(mg/L) | 0.07 |
| 一氯二溴甲烷/(mg/L) | 0.1 |
| 二氯一溴甲烷/(mg/L) | 0.06 |
| 二氯乙酸/(mg/L) | 0.05 |
| 1,2-二氯乙烷/(mg/L) | 0.03 |
| 二氯甲烷/(mg/L) | 0.02 |
| 三卤甲烷(三氯甲烷、一氯二溴甲烷、二氯一溴甲烷、三溴甲烷的总和) | 该类化合物中各种化合物的实测浓度与其各自限值的比值之和不超过 1 |
| 1,1,1-三氯乙烷/(mg/L) | 2 |
| 三氯乙酸/(mg/L) | 0.1 |
| 三氯乙醛/(mg/L) | 0.01 |
| 2,4,6-三氯酚/(mg/L) | 0.2 |
| 三溴甲烷/(mg/L) | 0.1 |
| 七氯/(mg/L) | 0.0004 |
| 马拉硫磷/(mg/L) | 0.25 |
| 五氯酚/(mg/L) | 0.009 |
| 六六六(总量)/(mg/L) | 0.005 |
| 六氯苯/(mg/L) | 0.001 |
| 乐果/(mg/L) | 0.08 |
| 对硫磷/(mg/L) | 0.003 |
| 灭草松/(mg/L) | 0.3 |
| 甲基对硫磷/(mg/L) | 0.02 |

续表

| 指　标 | 限　值 |
| --- | --- |
| 百菌清/(mg/L) | 0.01 |
| 呋喃丹/(mg/L) | 0.007 |
| 林丹/(mg/L) | 0.002 |
| 毒死蜱/(mg/L) | 0.03 |
| 草甘膦/(mg/L) | 0.7 |
| 敌敌畏/(mg/L) | 0.001 |
| 莠去津/(mg/L) | 0.002 |
| 溴氰菊酯/(mg/L) | 0.02 |
| 2,4-滴/(mg/L) | 0.03 |
| 滴滴涕/(mg/L) | 0.001 |
| 乙苯/(mg/L) | 0.3 |
| 二甲苯/(mg/L) | 0.5 |
| 1,1-二氯乙烯/(mg/L) | 0.03 |
| 1,2-二氯乙烯/(mg/L) | 0.05 |
| 1,2-二氯苯/(mg/L) | 1 |
| 1,4-二氯苯/(mg/L) | 0.3 |
| 三氯乙烯/(mg/L) | 0.07 |
| 三氯苯(总量)/(mg/L) | 0.02 |
| 六氯丁二烯/(mg/L) | 0.0006 |
| 丙烯酰胺/(mg/L) | 0.0005 |
| 四氯乙烯/(mg/L) | 0.04 |
| 甲苯/(mg/L) | 0.7 |
| 邻苯二甲酸二(2-乙基己基)酯/(mg/L) | 0.008 |
| 环氧氯丙烷/(mg/L) | 0.0004 |
| 苯/(mg/L) | 0.01 |
| 苯乙烯/(mg/L) | 0.02 |
| 苯并[*a*]芘/(mg/L) | 0.00001 |
| 氯乙烯/(mg/L) | 0.005 |
| 氯苯/(mg/L) | 0.3 |
| 微囊藻毒素-LR/(mg/L) | 0.001 |
| 3. 感官性状和一般化学指标 | |
| 氨氮(以N计)/(mg/L) | 0.5 |
| 硫化物/(mg/L) | 0.02 |
| 钠/(mg/L) | |

**7.** 请使用百度或其他搜索工具，检索“烧开后有股腥味，且带咸味，锅中有垢”问题，并对照水质 106 项指标，找出哪些指标可能导致这一问题。

**8.** 请搜索水质硬度的相关资料，并回答水质硬度过高和过低会对水质口感带来什么影响？正常的水质硬度范围应该是多少？

**9.** 水质带有咸味，通常由什么物质导致？这些物质正常范围应该是多少？人的味觉最低敏感值是多少？

**10.** 水质中铁元素是人体必需的营养性元素，其在水中的正常范围是多少？如果过高，对水质有何影响？

**11.** 水质中锰元素也是人体必需的营养性元素，其在水中的正常范围是多少？如果过高，会导致什么问题？

**12.** 水质中除了铁、锰元素是人体必需的营养性元素，还有哪些元素也是人体必需的元素？请你想想喝纯净水好不好，该如何科学饮水？

**13.** 水质中除了一些是营养性的元素，还可能存在一些有毒的元素。尽管这些元素可能不会导致水质异味，但是这些元素严重危害人体健康，在水质出现异味时应当密切关注。请问：水质106项指标中，哪些元素有毒，甚至是剧毒元素？

**14.** 为完成小区居民的委托，进行水质异味排查，我们需要对水体的各种元素进行排查，找出水质异味原因，同时测定其他营养性元素及有害元素，确保小区安全用水，居民放心饮水。请与委托居民沟通，确定检测元素项目及其限制范围，完成表1-5。

**表 1-5　检测元素项目及其限制范围**

| 序　　号 | 待测元素 | 元素符号 | 限制范围 | 元素作用 |
|---|---|---|---|---|
| 1 | | | | |
| 2 | | | | |
| 3 | | | | |
| 4 | | | | |
| 5 | | | | |
| 6 | | | | |
| 7 | | | | |
| 8 | | | | |
| 9 | | | | |
| 10 | | | | |
| 11 | | | | |
| 12 | | | | |
| 13 | | | | |
| 14 | | | | |
| 15 | | | | |
| 16 | | | | |
| 17 | | | | |
| 18 | | | | |
| 19 | | | | |
| 20 | | | | |
| 21 | | | | |
| 22 | | | | |
| 23 | | | | |
| 24 | | | | |
| 25 | | | | |
| 26 | | | | |
| 27 | | | | |
| 28 | | | | |
| 29 | | | | |

## 三、确定检测方法

**15.** 如果水有咸味，通常水体的电解质含量过高，评价电解质的快速方法是电导率法。饮用水中是否有电导率的指标规定？我们能否设计电解质法用于本次与委托方沟通的实验？

**16.** 水体烧开后的大量水垢，一般都是暂时硬度导致。请问暂时硬度和永久硬度分别由哪些物质导致？能用什么方法测定？对比各方法的优缺点。

**17.** 请查看《GB 5749—2006 生活饮用水卫生标准》，其规范性引用文件有哪些？找到并下载所确定元素的标准检验方法，用标准号及标准名称命名保存该文件。

**18.** 请查看《GB 5750.6—2006 生活饮用水标准检验方法》，写出铝元素的所有测定方法。

**19.** 请查看《GB 5750.6—2006 生活饮用水标准检验方法》，写出锰元素的所有测定方法。

**20.** 表 1-6 为常见的元素分析方法，请对比各分析方法的优劣。

**表 1-6　常见元素分析方法**

| 比对项目 | 显色分光法 | 原子吸收法 | 原子荧光法 | ICP-OES 法 | ICP-MS 法 |
| --- | --- | --- | --- | --- | --- |
| 原理 | | | | | |
| 仪器价格 | | | | | |
| 试剂价格 | | | | | |
| 操作难易 | | | | | |
| 测试速度 | | | | | |
| 检测限 | | | | | |
| 灵敏度 | | | | | |
| 线性范围 | | | | | |
| 重现性 | | | | | |
| 准确性 | | | | | |
| 是否同时多元素 | | | | | |

**21.** 请从成本、效率等与委托居民沟通，并结合现有实验条件，确定检测方法。同时参考国标，将检测方法主要参数列出。

## 四、填写委托检验协议书

**22.** 填写委托检验协议书（表 1-7）

**表 1-7 委托检验协议书**

编号：

| 委托方（甲方） | | | | | | |
|---|---|---|---|---|---|---|
| 单位名称： | | | 单位名称： | | | |
| 通讯地址：<br>邮 编： | | | 通讯地址：<br>邮 编： | | | |
| 联系人：<br>联系电话： | | | 联系电话：<br>传 真：<br>e-mail：<br>网 址： | | | |
| 样品信息 | 样品名称 | | | 商 标 | | |
| | 生产单位 | | | 生产日期 | | |
| | 数 量 | 规格 | | 颜色、状态 | | 存放要求 |
| | 备 注 | | | | | |
| 委托内容 | 检验项目： | | | 检验依据：<br>☐ 指定检测依据的标准或其他方法<br>☐ 由本中心选定合适标准<br>☐ 同意用本中心确定的非标准 | | |
| 检测方法选择理由 | | | | | | |
| 报告交付 | 交付方式 | ☐ 自取 ☐ 邮寄 ☐ 特快专递 ☐ 传真 其他： | | | | |
| | 报告份数 | ______份 其他： | | 样品处理 | ☐ 领回 ☐ 处置<br>☐ 监护处理__月 | |
| | 交付日期 | 年 月 日 | | | | |
| 费用 | 检验费（元） | | | 加急费（元） | | |
| | 合 计（元） | | | 预收费（元） | | |
| 备 注 | | | | | | |
| 委托人签字：<br>年 月 日 | | | 受理人签字：<br>年 月 日 | | | |

1. 本协议甲方“委托人”和乙方“受理人”签字后协议生效；
2. 表中所列样品由甲方提供，甲方对样品资料的真实性负责；
3. 乙方按甲方提出的要求和检验项目进行检验，乙方对检验数据的真实性负责；
4. 乙方对样品有疑问或无法按期完成检验工作时，乙方应及时通知甲方；
5. 甲方要求变更委托内容时，应在检验开始前通知乙方，由双方协商解决，必要时重签协议；
6. 乙方负责按双方商定的方式发送检验报告和处理检后样品；
7. 甲方在领取检验报告时，应出示本协议，以免发生误领。

☐第一联 承检方留存 ☐第二联 检测室留存 ☐第三联 委托方留存

## 五、活动评价（表 1-8）

表 1-8　活动评价

| 项次 | | 项目要求 | 配分 | 评分细则 | 自评得分 | 小组评价 | 教师评价 |
|---|---|---|---|---|---|---|---|
| 素养（20 分） | 纪律情况（5 分） | 按时到岗，不早退 | 2 分 | 违反规定，每次扣 2 分 | | | |
| | | 积极思考回答问题 | 2 分 | 根据上课统计情况得 1～2 分 | | | |
| | | 四有一无（有本、笔、书、工作服，无手机） | 1 分 | 违反规定每项扣 1 分 | | | |
| | | 执行教师命令 | 0 分 | 此为否定项，违规酌情扣 10～100 分，违反校规按校规处理 | | | |
| | 职业道德（10 分） | 主动与他人合作 | 4 分 | 主动合作得 4 分<br>被动合作得 2 分<br>不合作得 0 分 | | | |
| | | 主动帮助同学 | 3 分 | 能主动帮助同学得 3 分<br>被动得 1 分 | | | |
| | | 严谨、追求完美 | 3 分 | 对工作精益求精且效果明显得 3 分<br>对工作认真得 1 分<br>其余不得分 | | | |
| | 5S（5 分） | 桌面、地面整洁 | 3 分 | 自己的工位桌面、地面整洁无杂物，得 3 分<br>不合格不得分 | | | |
| | | 物品定置管理 | 2 分 | 按定置要求放置得 2 分<br>其余不得分 | | | |
| 核心能力（60 分） | 阅读任务书（5 分） | 关键词提取 | 1 分 | 能提取检索关键词得 1 分 | | | |
| | | 复述任务要素 | 2 分 | 能在 100 字复述要素得 2 分 | | | |
| | | 验收材料 | 2 分 | 能提取任务验收所需材料得 2 分 | | | |
| | 填写委托检验书（55 分） | 搜索引擎使用 | 2 分 | 知道百度等搜索工具得 2 分 | | | |
| | | 根据关键词找到 GB 5749 标准 | 3 分 | 正确下载并保存得 3 分 | | | |
| | | 根据标准查找元素限量值 | 3 分 | 限值填写完整得 3 分<br>其余酌情扣分 | | | |
| | | 搜索水垢原因 | 2 分 | 会用“水垢”检索得 2 分 | | | |
| | | 搜索咸味原因 | 2 分 | 会用“咸味”检索得 2 分 | | | |
| | | 搜索腥味原因 | 2 分 | 会用“腥味”检索得 2 分 | | | |
| | | 搜索营养性元素指标 | 4 分 | 会用“营养元素”检索得 4 分 | | | |
| | | 搜索有害元素指标 | 4 分 | 会用“有害元素”检索得 4 分 | | | |
| | | 与客户沟通确定检验项目 | 5 分 | 能正确用语与委托方确定检验项目得 5 分 | | | |
| | | 搜集相关规范引用性文件 | 2 分 | 能找到规范引用文件得 2 分 | | | |

续表

| 项次 | | 项目要求 | 配分 | 评分细则 | 自评得分 | 小组评价 | 教师评价 |
|---|---|---|---|---|---|---|---|
| 核心能力（60分） | 填写委托检验书（55分） | 找到并下载GB/T5750.6 | 2分 | 正确下载并保存得2分 | | | |
| | | 总结铝元素检测方法 | 3分 | 5种检测方法得3分 | | | |
| | | 总结锰元素检测方法 | 3分 | 6种检测方法得3分 | | | |
| | | 进行元素分析检验方法比对 | 6分 | 11个方面比较得6分 | | | |
| | | 与客户沟通确定检验方法 | 5分 | 29个检测指标得5分 | | | |
| | | 填写委托书内容 | 7分 | 在20min内完成委托书内容得7分，每超过1min扣1分，最长不超过5min | | | |
| 工作页完成情况（20分） | | 及时提交 | 5分 | 按时提交得5分，迟交不得分 | | | |
| | | 内容完成程度 | 5分 | 按完成情况分别得1～5分 | | | |
| | | 回答准确率 | 5分 | 视准确率情况分别得1～5分 | | | |
| | | 有独到的见解 | 5分 | 视见解程度分别得1～5分 | | | |
| 总分 | | | | | | | |
| 加权平均（自评20%，小组评价30%，教师评价50%） | | | | | | | |
| 教师评价签字： | | | | 组长签字： | | | |

请你根据以上打分情况，对本活动当中的工作和学习状态进行总体评述（从素养的自我提升方面、职业能力的提升方面进行评述，分析自己的不足之处，描述对不足之处的改进措施）。

# 活动二　制定方案

**建议学时**：16 课时

**学习要求**：学习编制检测工作流程、编制设备工具材料清单、编写工作方案等内容，同时参考《GB/T 5750.6—2006 金属元素分析》标准。具体工作步骤及要求见表 1-9。

**表 1-9　具体工作步骤及要求**

| 序号 | 工作步骤 | 要　求 | 时间/min | 备　注 |
|---|---|---|---|---|
| 1 | 编制检测流程表 | 绘制水质异味排查流程图 | 85 | |
| | | 具有安全手册编写环节 | 25 | |
| | | 具有仪器操作练习环节 | 25 | |
| | | 具有准备仪器试剂环节 | 25 | |
| | | 具备条件优化环节 | 25 | |
| | | 具备样品采集及前处理环节 | 25 | |
| | | 具备样品分析测试环节 | 25 | |
| | | 具备数据处理和原始数据记录环节 | 25 | |
| | | 具备报告环节 | 25 | |
| 2 | 编写设备工具材料清单 | 能完整编写主要仪器清单 | 15 | |
| | | 能完整编写辅助仪器清单 | 25 | |
| | | 能完整编写玻璃仪器清单 | 25 | |
| | | 能完整编写化学试剂清单 | 25 | |
| | | 能完整编写标准物质清单 | 25 | |

续表

| 序号 | 工作步骤 | 要 求 | 时间/min | 备 注 |
|---|---|---|---|---|
| 3 | 编写工作方案 | 根据检验项目和方法编制工作目标 | 15 | |
| | | 根据检测流程编制工作流程 | 15 | |
| | | 各工作流程人员分工合理 | 45 | |
| | | 各工作流程时间分配合理 | 45 | |
| | | 各工作流程要求分配合理 | 90 | |
| | | 具备工作过程的整体质量意识 | 90 | |
| 4 | 活动评价 | | 20 | |

## 一、编制检测流程表

**1.** 请回顾化学分析检测的实验过程，整个实验过程大致可以分为哪几个步骤、流程？

**2.** 如果经委托方协商确定使用ICP-OES法进行水质异味排查，协商结果是：首先，要求对水质直接测定，确认其指标是否合格；其次，要求对结垢的固体沉淀进行分析，确定其组成。请根据上述要求，绘制水质异味排查流程图。

**3.** 如果经委托方协商确定使用ICP-OES法进行水质异味排查，而这是你第一次使用该仪器，那你该如何准备操作？

**4.** 请编制本项目的检测流程表（表1-10）。

**表1-10 检测流程表**

| 序号 | 工作流程 | 主要工作内容 | 评价标准 | 花费时间/h |
|---|---|---|---|---|
| 1 | | | | |
| 2 | | | | |
| 3 | | | | |
| 4 | | | | |
| 5 | | | | |
| 6 | | | | |
| 7 | | | | |
| 8 | | | | |

## 二、编制设备工具材料清单

**5.** 请查看《GB 5750.6—2006 生活饮用水标准检验方法》“1.4 电感耦合等离子体发射光谱法”，编制本项目的检测用仪器清单（表1-11），同时核查本实验室仪器厂家、型号、作用。

**表1-11 仪器清单**

| 序号 | 名称 | 厂家 | 型号 | 作用 |
|---|---|---|---|---|
| 1 | | | | |
| 2 | | | | |
| | | | | |
| | | | | |

**6.** 请查看《GB 5750.6—2006 生活饮用水标准检验方法》“1.4 电感耦合等离子体发射光谱法”，编制本项目的检测用辅助仪器清单（表 1-12），同时核查本实验室仪器厂家、型号、作用。

表 1-12 辅助仪器清单

| 序号 | 名称 | 厂家 | 型号 | 作用 |
|---|---|---|---|---|
| 1 | | | | |
| 2 | | | | |
| | | | | |
| | | | | |

**7.** 请查看《GB 5750.6—2006 生活饮用水标准检验方法》“1.4 电感耦合等离子体发射光谱法”，编制本项目的玻璃仪器清单（表 1-13）。

表 1-13 玻璃仪器清单

| 序号 | 名称 | 规格 |
|---|---|---|
| 1 | | |
| 2 | | |
| 3 | | |
| 4 | | |
| 5 | | |
| | | |
| | | |
| | | |
| | | |
| | | |

**8.** 请查看《GB 5750.6—2006 生活饮用水标准检验方法》“1.4 电感耦合等离子体发射光谱法”，编制本项目的化学试剂清单（表 1-14）。

表 1-14 化学试剂清单

| 序号 | 名称 | 级别 | 包装 | 试剂生产厂商 |
|---|---|---|---|---|
| 1 | | | | |
| 2 | | | | |
| 3 | | | | |
| 4 | | | | |
| | | | | |
| | | | | |
| | | | | |

**9.** 请查看《GB 5750.6—2006 生活饮用水标准检验方法》“1.4 电感耦合等离子体发射光谱法”，编制本项目的标准物质清单（表 1-15）。

**表 1-15 标准物质清单**

| 序号 | 名称 | 级别 | 包装 | 试剂生产厂商 |
|---|---|---|---|---|
| 1 | | | | |
| 2 | | | | |
| 3 | | | | |
| | | | | |

## 三、编写工作方案

**10.** 图 1-1 为测试过程质量保障体系，请结合小组的情况，进行各环节、岗位的人员安排，并确认其工作职责。

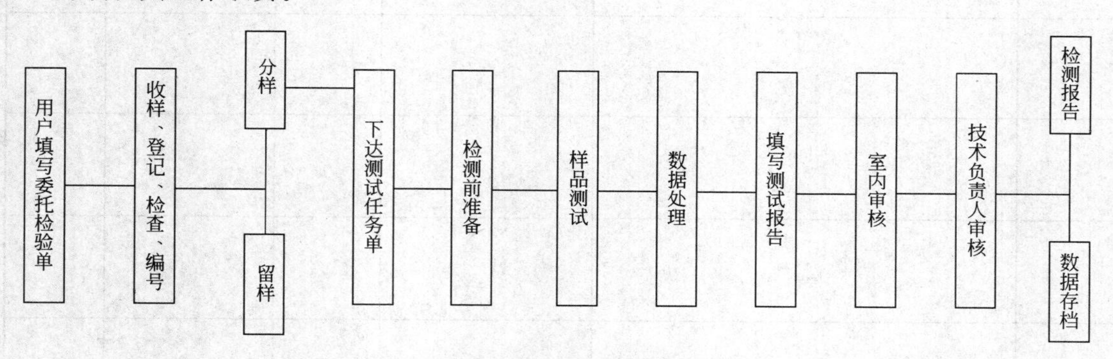


图 1-1 测试过程质量保障体系

11. 请编写本任务的工作方案（表 1-16）

表 1-16　工作方案

| 一、项目名称 | | | | | |
|---|---|---|---|---|---|
| | | | | | |
| 二、工作目标 | | | | | |
| | | | | | |
| 三、工作安排及要求（包括工作流程、设备辅具、人员分工、时间及工作要求） | | | | | |
| 序　号 | 工作流程 | 人员分工 | 时　间 | 工作要求 | 备　注 |
| | | | | | |
| | | | | | |
| | | | | | |
| | | | | | |
| | | | | | |
| | | | | | |
| | | | | | |
| 四、安全注意事项（完成本项目的安全注意事项） | | | | | |
| | | | | | |
| 五、验收标准（项目合格验收的标准） | | | | | |
| | | | | | |

## 四、活动评价（表1-17）

**表1-17 活动评价**

| 项次 | | 项目要求 | 配分 | 评分细则 | 自评分数 | 小组评分 | 教师评分 |
|---|---|---|---|---|---|---|---|
| 素养（20分） | 纪律情况（5分） | 按时到岗，不早退 | 2分 | 违反规定，每次扣2分 | | | |
| | | 积极思考回答问题 | 2分 | 根据上课统计情况得1～2分 | | | |
| | | 四有一无（有本、笔、书、工作服，无手机） | 1分 | 违反规定每项扣1分 | | | |
| | | 执行教师命令 | 0分 | 此为否定项，违规酌情扣10～100分，违反校规按校规处理。 | | | |
| | 职业道德（10分） | 主动与他人合作 | 4分 | 主动合作得4分<br>被动合作得2分<br>不合作得0分 | | | |
| | | 主动帮助同学 | 3分 | 能主动帮助同学得3分<br>被动得1分 | | | |
| | | 严谨、追求完美 | 3分 | 对工作精益求精且效果明显得3分<br>对工作认真得1分<br>其余不得分 | | | |
| | 5S（5分） | 桌面、地面整洁 | 3分 | 自己的工位桌面、地面整洁无杂物，得3分<br>不合格不得分 | | | |
| | | 物品定置管理 | 2分 | 按定置要求放置得2分<br>其余不得分 | | | |
| 核心能力（60分） | 时间（5分） | 填写方案时间 | 5分 | 90分钟内完成得5分<br>每超时5分钟扣1分 | | | |
| | 编写工作方案（55分） | 工作目标 | 2分 | 根据检验项目和方法编制工作目标得2分 | | | |
| | | 工作流程 | 16分 | 工作流程包括“编写安全手册、仪器操作练习、准备试剂、条件优化、样品采集及前处理、样品分析、数据处理记录、报告”8个环节，不缺项得16分<br>缺一项扣2分 | | | |
| | | 仪器设备试剂 | 10分 | 仪器、设备、试剂根据标准填写完整得10分<br>缺一项扣1分 | | | |
| | | 人员分工 | 5分 | 人员安排合理，分工明确得5分<br>组织不适一项扣1分 | | | |

续表

| 项次 | 项目要求 | | 配分 | 评分细则 | 自评分数 | 小组评分 | 教师评分 |
|---|---|---|---|---|---|---|---|
| 核心能力(60分) | 编写工作方案(55分) | 工作时间 | 5分 | 工作时间完整、合理,不缺项得5分<br>缺一项扣1分 | | | |
| | | 工作要求 | 8分 | 完整正确,有成果,可评测工作得8分<br>错项漏项一项扣1分 | | | |
| | | 安全注意事项(5分) | 5分 | 具备仪器设备安全操作手册得3分<br>具备试剂安全使用指南得2分 | | | |
| | | 验收标准(4分) | 4分 | 验收标准正确、完整得4分<br>错、漏一项扣1分 | | | |
| 工作页完成情况(20分) | 按时完成工作页(20分) | 及时提交 | 5分 | 按时提交得5分,迟交不得分 | | | |
| | | 内容完成程度 | 5分 | 按完成情况分别得1～5分 | | | |
| | | 回答准确率 | 5分 | 视准确率情况分别得1～5分 | | | |
| | | 有独到的见解 | 5分 | 视见解程度分别得1～5分 | | | |
| | | | | 总分 | | | |
| | | | | 加权平均(自评20%,小组评价30%,教师评价50%) | | | |
| 教师评价签字: | | | | 组长签字: | | | |

请你根据以上打分情况,对本活动当中的工作和学习状态进行总体评述(从素养的自我提升方面、职业能力的提升方面进行评述,分析自己的不足之处,描述对不足之处的改进措施)。

# 活动三　实施分析

**建议学时**：52 课时

**学习要求**：该活动主要包括：编写安全手册、练习仪器开关机、编写仪器操作规程、实验条件优化、样品采集及前处理、样品分析测试、填写原始数据记录表格等内容。具体工作步骤及要求见表 1-18。

**表 1-18　具体工作步骤及要求**

| 序号 | 工作步骤 | 要　求 | 时间/min | 备　注 |
|---|---|---|---|---|
| 1 | 编写安全手册 | 对比原子光谱的安全操作相同点 | 30 | |
| | | 熟悉常见危化品、仪器设备安全知识 | 30 | |
| | | 正确编写本项目安全手册表 | 90 | |
| 2 | 练习仪器开关机操作 | 正确描述 PE 2100DV 及 5300V 各主要部件 | 45 | |
| | | 能分辨常用的雾化器 | 45 | |
| | | 能分辨常用的雾室 | 30 | |
| | | 能绘制等离子结构图 | 30 | |
| | | 能识别 ICP 观测方向 | 30 | |
| | | 能区分 PE 2100DV 和 5300V 分光系统 | 45 | |
| | | 能描述 ICP-OES 操作注意事项 | 45 | |
| | | 能描述等离子点火过程 | 30 | |
| | | 能正确进行开机点火操作 | 90 | |
| | | 能正确进行熄火关机操作 | 90 | |

续表

| 序号 | 工作步骤 | 要求 | 时间/min | 备注 |
|---|---|---|---|---|
| 3 | 准备相关试剂及溶液 | 溶液浓度计算，不同浓度单位的转换 | 90 | |
| | | 能根据元素标准溶液基体进行正确分组 | 90 | |
| | | 能建立标准溶液相关的 Excel 表格 | 30 | |
| 4 | 实验条件优化 | 能完整填写 ICP-OES 各分析参数 | 30 | |
| | | 优化功率 | 45 | |
| | | 优化进样流速 | 45 | |
| | | 优化波长 | 90 | |
| | | 优化雾化气流速 | 45 | |
| | | 优化等离子体气体流速 | 90 | |
| | | 优化辅助气流速 | 90 | |
| | | 优化超声波雾化器 | 90 | |
| | | 建立元素标准曲线 | 90 | |
| 5 | 样品采集及前处理 | 样品采集、留样、分样 | 90 | |
| | | 能湿法消解滤纸 | 90 | |
| | | 能干法消解土壤 | 90 | |
| | | 能微波消解大米 | 90 | |
| 6 | 样品分析测试 | 完整填写普通雾化器分析条件 | 90 | |
| | | 完整填写超声波雾化器分析条件 | 180 | |
| 7 | 填写原始数据记录表格 | 能正确进行光谱检查 | 45 | |
| | | 能正确设计并填写原始数据表 | 180 | |
| 8 | 活动评价 | | 30 | |

## 一、编写安全手册

1. 本项目所选方法为原子光谱法，原子光谱有哪几种？常见的共同安全问题又有哪些？

2. 在本次实验中我们用到了哪些危险化学品？简要说出其危害。

3. 浓硝酸沾手上会发生什么现象？该如何进行类似强酸操作？

4. 在样品处理过程中可能会遇到很多的挥发性酸，该如何正确安全处理？

**5.** ICP-OES仪器放出大量的热，同时还有许多等离子体废气排出。我们如何安全操作该仪器？

**6.** 前处理使用的微波消解仪属高温、高压的仪器，使用不当可能出现爆罐现象，我们在使用过程中应当注意哪些安全问题？

**7.** 本实验任务可能遇到危险化学品、高温、高压、辐射、爆炸等安全问题，请编辑安全手册表（表1-19），方便今后实验使用。

**表1-19　安全手册表**

| 项　　目 | 错　　误 | 正　　确 | 应急处理 |
| --- | --- | --- | --- |
| 化学品 | | | |
| 高温 | | | |
| 高压 | | | |
| 辐射 | | | |
| 爆炸 | | | |

## 二、练习仪器开关机操作

**8.** 本次实验我们使用ICP-OES仪器进行元素分析，请完成表1-20。

**表1-20 ICP-OES仪器**

| 英文缩写 | 英文全称 | 中文全称 |
|---|---|---|
| | | |

**9.** 等离子体（Plasma）是一种由自由电子和带电离子为主要成分的物质形态，广泛存在于宇宙中，常被视为是物质的第四态，被称为等离子态，或者“超气态”，也称“电浆体”。等离子体具有很高的电导率，与电磁场存在极强的耦合作用。等离子体是由克鲁克斯在1879年发现的，1928年美国科学家欧文·朗缪尔和汤克斯（Tonks）首次将“等离子体”一词引入物理学，用来描述气体放电管里的物质形态。

严格来说，等离子体是具有高位能动能的气体团，等离子体的总带电量仍是中性，借由电场或磁场的高动能将外层的电子击出，结果电子已不再被束缚于原子核，而成为高位能高动能的自由电子。

请画出液体、固体、气体、等离子体四者间的转变关系。

**10.** 光具有波粒二象性。光可呈现电磁波的波动性，也可以呈现光子的波动性。每一个光子具有一定的能量。而光子的能量满足下列方程。

$$E=h\nu=\frac{hc}{\lambda}$$

式中 $E$——光子能量，J或eV，$1eV=1.60\times10^{-19}J$；

$h$——普朗克常数，为$6.626\times10^{-34}J\cdot s$；

$\nu$——光的频率，Hz；

$c$——光速，为$3.0\times10^{8}m\cdot s^{-1}$；

$\lambda$——光的波长，nm。

请完成表1-21。

**表1-21 各波长光的波长范围、光子能量范围及互补色**

| 颜色 | 波长范围 | 光子能量范围/eV | 互补色 |
|---|---|---|---|
| 红 | | | |
| 橙 | | | |
| 黄 | | | |
| 绿 | | | |
| 青 | | | |
| 青蓝 | | | |
| 蓝 | | | |
| 紫 | | | |

光的互补色示意图见图 1-2。

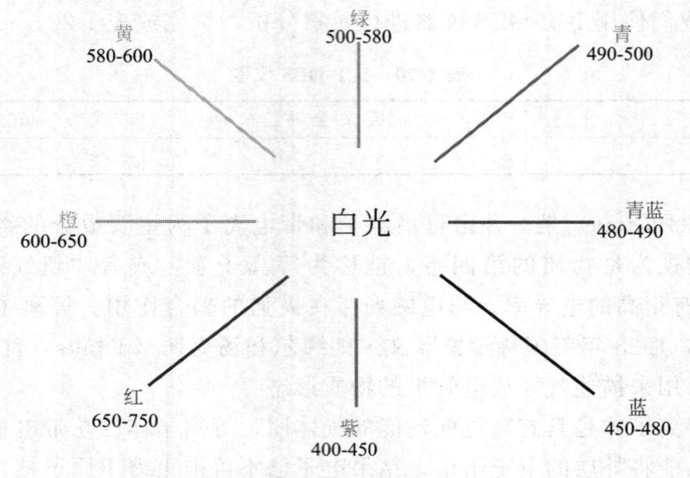


图 1-2　光的互补色示意图

**11.** 某电子跃迁需要 5eV 的能量，它需要吸收波长是多少纳米的光呢？属于可见光还是紫外光呢？

**12.** 计算下列辐射的频率并给出其颜色：（1）氦-氖激发光波长 633nm；（2）高压汞灯辐射之一 435.8nm；（3）锂的最强辐射波长 670.8nm。

**13.** 高压钠灯辐射 589.6nm 和 589.0nm 的双线，它们的能量差为多少 kJ/mol?

**14.** 当频率为 $1.0\times10^{-15}$ Hz 的辐射照射到金属铯的表面，发生光电子效应，释放出的光量子的动能为 $5.2\times10^{-19}$ J，求金属铯释放电子所需能量。

**15.** ICP-OES 光谱法可以分析的元素非常多，请在元素周期表中用“△”标示出可以分析的元素。

元素周期表

图例：原子序数—92 U—元素符号，红色指放射性元素；元素名称注*的是人造元素—铀；非金属；金属；过渡元素

| 周期＼族 | IA 1 | IIA 2 | IIIB 3 | IVB 4 | VB 5 | VIB 6 | VIIB 7 | VIII 8 | 9 | 10 | IB 11 | IIB 12 | IIIA 13 | IVA 14 | VA 15 | VIA 16 | VIIA 17 | 0 18 | 电子层 | 0族电子数 |
|---|---|---|---|---|---|---|---|---|---|---|---|---|---|---|---|---|---|---|---|---|
| 1 | 1H 氢 | | | | | | | | | | | | | | | | | 2He 氦 | K | 2 |
| 2 | 3Li 锂 | 4Be 铍 | | | | | | | | | | | 5B 硼 | 6C 碳 | 7N 氮 | 8O 氧 | 9F 氟 | 10Ne 氖 | L K | 8 2 |
| 3 | 11Na 钠 | 12Mg 镁 | | | | | | | | | | | 13Al 铝 | 14Si 硅 | 15P 磷 | 16S 硫 | 17Cl 氯 | 18Ar 氩 | M L K | 8 8 2 |
| 4 | 19K 钾 | 20Ca 钙 | 21Sc 钪 | 22Ti 钛 | 23V 钒 | 24Cr 铬 | 25Mn 锰 | 26Fe 铁 | 27Co 钴 | 28Ni 镍 | 29Cu 铜 | 30Zn 锌 | 31Ga 镓 | 32Ge 锗 | 33As 砷 | 34Se 硒 | 35Br 溴 | 36Kr 氪 | N M L K | 8 18 8 2 |
| 5 | 37Rb 铷 | 38Sr 锶 | 39Y 钇 | 40Zr 锆 | 41Nb 铌 | 42Mo 钼 | 43Tc 锝 | 44Ru 钌 | 45Rh 铑 | 46Pd 钯 | 47Ag 银 | 48Cd 镉 | 49Ln 铟 | 50Sn 锡 | 51Sb 锑 | 52Te 碲 | 53I 碘 | 54Xe 氙 | O N M L K | 8 18 18 8 2 |
| 6 | 55Cs 铯 | 56Ba 钡 | 57~71 La~Lu 镧系 | 72Hf 铪 | 73Ta 钽 | 74W 钨 | 75Re 铼 | 76Os 锇 | 77Ir 铱 | 78Pt 铂 | 79Au 金 | 80Hg 汞 | 81Tl 铊 | 82Pb 铅 | 83Bi 铋 | 84Po 钋 | 85At 砹 | 86Rn 氡 | P O N M L K | 8 18 32 18 8 2 |
| 7 | 87Fr 钫 | 88Ra 镭 | 89~103 Ac~Lr 锕系 | 104Rf 𬬻* | 105Db 𬭊* | 106Sg 𬭳* | 107Bh 𬭛* | 108Hs 𬭶* | 109Mt 鿏* | 110Uun * | 112Uuu * | 112Uub * | …… | | | | | | | |

| 镧系 | 57La 镧 | 58Ca 铈 | 59Pr 镨 | 60Nd 钕 | 61Pm 钷 | 62Sm 钐 | 63Eu 铕 | 64Gd 钆 | 65Tb 铽 | 66Dy 镝 | 67Ho 钬 | 68Er 铒 | 69Tm 铥 | 70Yb 镱 | 71Lu 镥 |
|---|---|---|---|---|---|---|---|---|---|---|---|---|---|---|---|
| 锕系 | 89Ac 锕 | 90Th 钍 | 91Pa 镤 | 92U 铀 | 93Np 镎 | 94Pu 钚 | 95Am 镅* | 96Cm 锔* | 97Pu 锫* | 98Cf 锎* | 99Es 锿* | 100Fm 镄* | 101Md 钔* | 102No 锘* | 103Lr 铹* |

**16.** 氢原子由一个质子及一个电子构成，是最简单的原子，因此其光谱一直是了解物质结构理论的主要基础。研究其光谱，可借由外界提供其能量，使其电子跃至高能阶后，在跳回低能阶的同时，会放出能量等同两高低阶间能量差的光子，再以光栅、棱镜或干涉仪分析其光子能量、强度，就可以得到其发射光谱。或以一已知能量、强度之光源，照射氢原子，则等同其能阶能量差的光子会被氢原子吸收，因而在该能量形成暗线。另一个方法则是分析来自外太空的取得纯粹氢原子的光谱也非十分容易，主要是因为氢在大自然中倾向以双原子分子存在，但科学家仍能借由气体放电管使其分解成单一原子。依其发现之科学家及谱线所在之能量区段可将其划分为莱曼线系、巴耳默线系、帕邢线系、布拉克线系、蒲芬德线系、汉弗莱线系（图 1-3）。

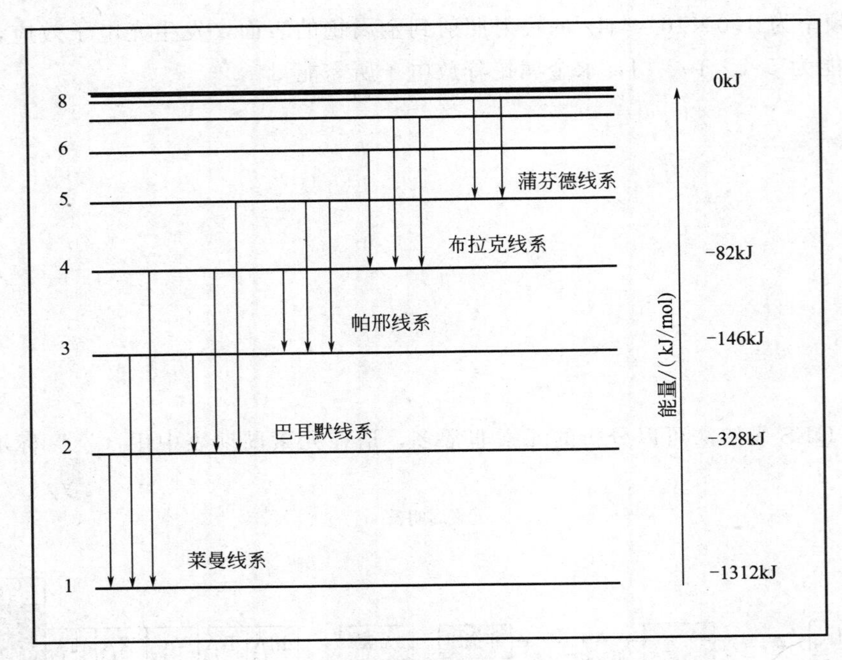


图 1-3　氢原子光谱与电子跃迁

其线系可以使用玻尔的原子理论解释，使用里波常数方程进行解释：

$$\tilde{\nu}=R\left(\frac{1}{m^2}-\frac{1}{n^2}\right)$$

式中，$R$ 为里德堡常数，$R=1.09677576\times10^7/\text{m}$。其中，每个 $m$ 值对应一个单独的谱系，多个 $n$ 值对应该谱系中的多条谱线。

例如，$m=1$ 属于莱曼系，$m=2$ 属于巴尔麦系，$m=3$ 属于帕邢系，$n$ 可以取值 $m+1$，$m+2$，…。

试解释莱曼系（见表 1-22）。

**表 1-22　莱曼系**

| $\lambda$/nm | 122 | 103 | 97.2 | 94.9 | 93.7 | 93.1 |
|---|---|---|---|---|---|---|
| $\tilde{\nu}$ | | | | | | |
| $m$ | | | | | | |
| $n$ | | | | | | |

**17.** 请写出图 1-4 各部件的名称。

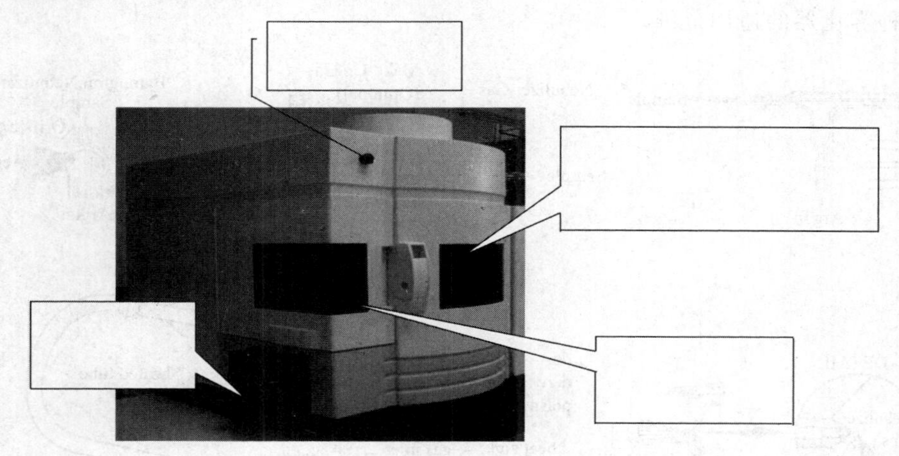

图 1-4 ICP-OES 光谱仪（一）

**18.** 请翻阅 ICP-OES 光谱仪（图 1-5）的资料，写出下面结构图各部分中文名称。

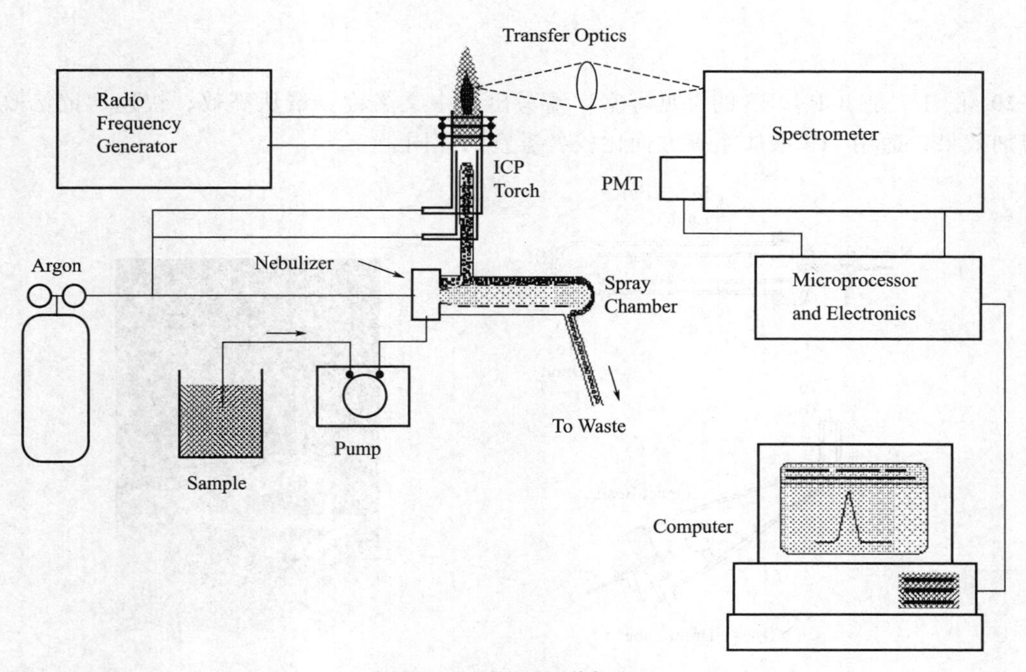


图 1-5 ICP-OES 光谱仪（二）

**19.** 图 1-6 是 ICP-OES 的常见雾化器，请写出其中文名称。同时比较雾化器的效率、耐盐量及各种雾化器的适用范围。

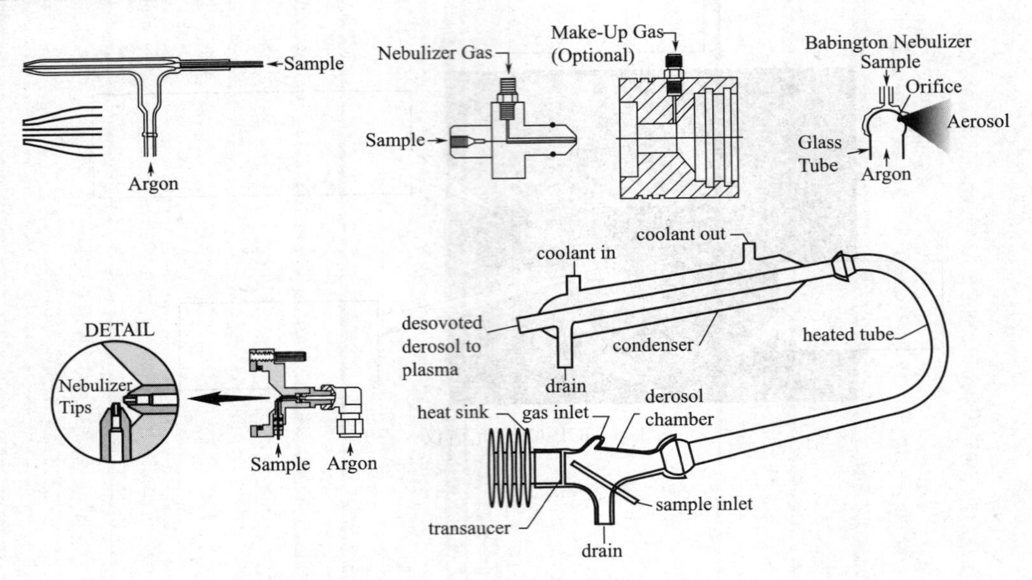


图 1-6　ICP-OES 常见雾化器

**20.** 图 1-7 是 ICP-OES 的常见雾室，请写出其中文名称。请从高效、快速、记忆效应、去溶剂效果、适用 HF 酸体系等方面比较各雾室的异同。

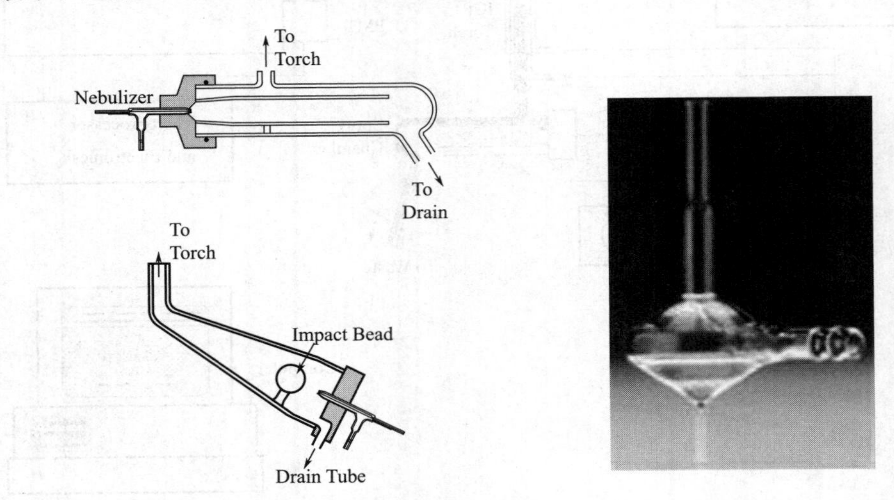


图 1-7　ICP-OES 常见雾室

**21.** 图 1-8 是 ICP 光源的各部分结构图，请将英文翻译，并写出各部分的作用。

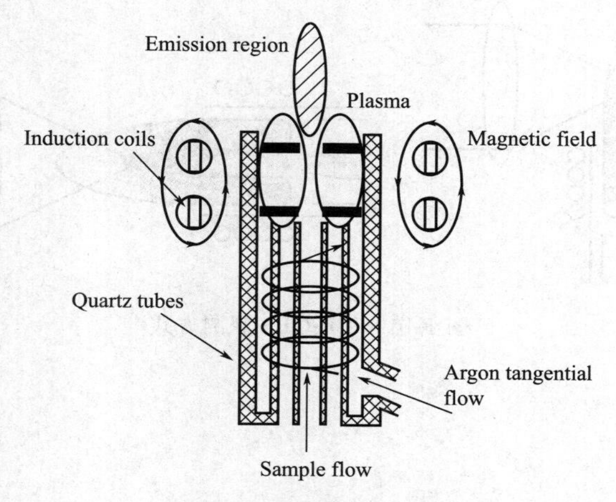


图 1-8　ICP 光源结构

**22.** 图 1-9 是 ICP-OES 的常见矩管，请写出其各部分的中文名称，并标识各路气体及样品的流路。

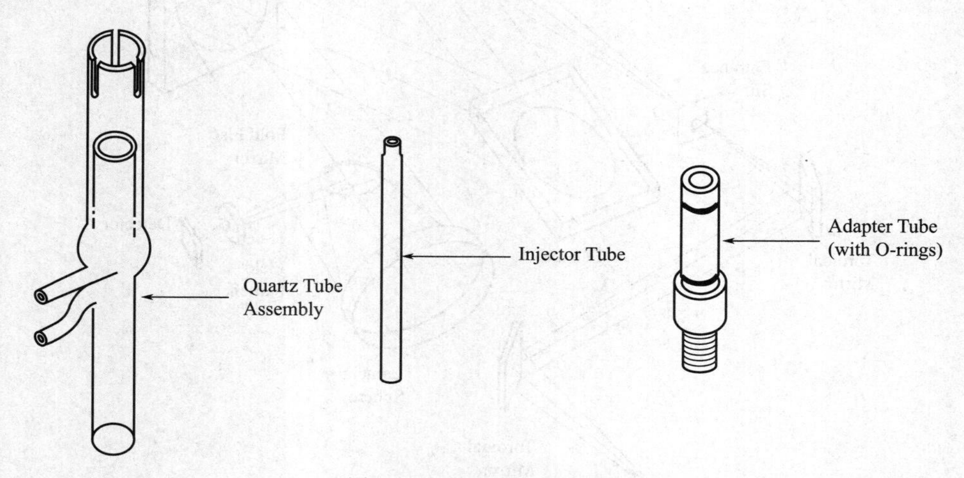


图 1-9　ICP-OES 常见矩管

**23.** ICP-OES 的常见轴向和径向两种观测方式，请对应写出图 1-10 的观测方式。

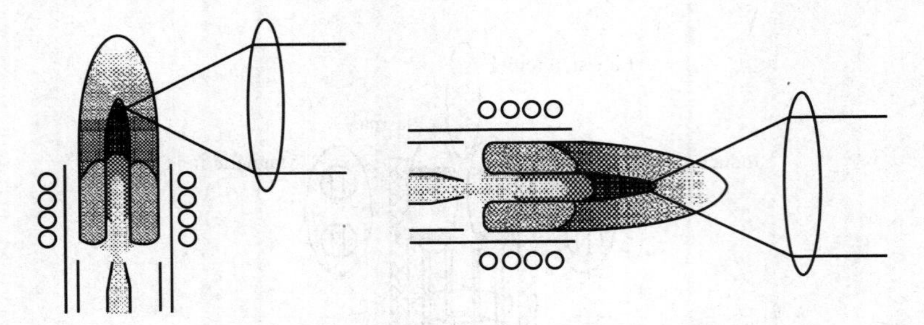

图 1-10　ICP-OES 观测方式

**24.** 图 1-11 是 PE ICP-OES 2100DV 的 光谱系统图，请将其各部分翻译成中文。

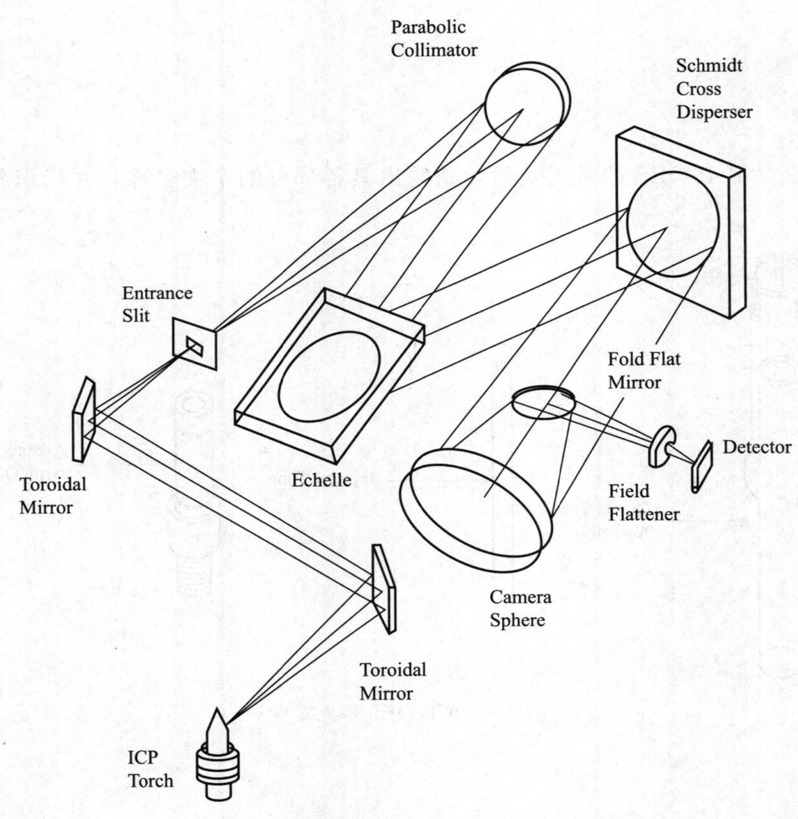


图 1-11　PE ICP-OES 2100DV 光谱系统

**25.** 图 1-12 是 PE ICP-OES 5300DV 的光路示意图，请将各部件翻译成中文。

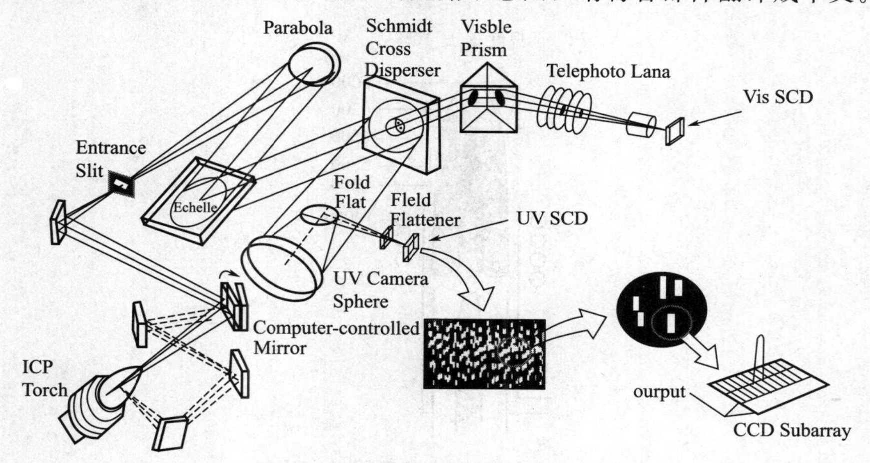


图 1-12 PE ICP-OES 5300DV 光路示意

**26.** 图 1-13 是双向观测模式，阅读光路，并将其翻译。

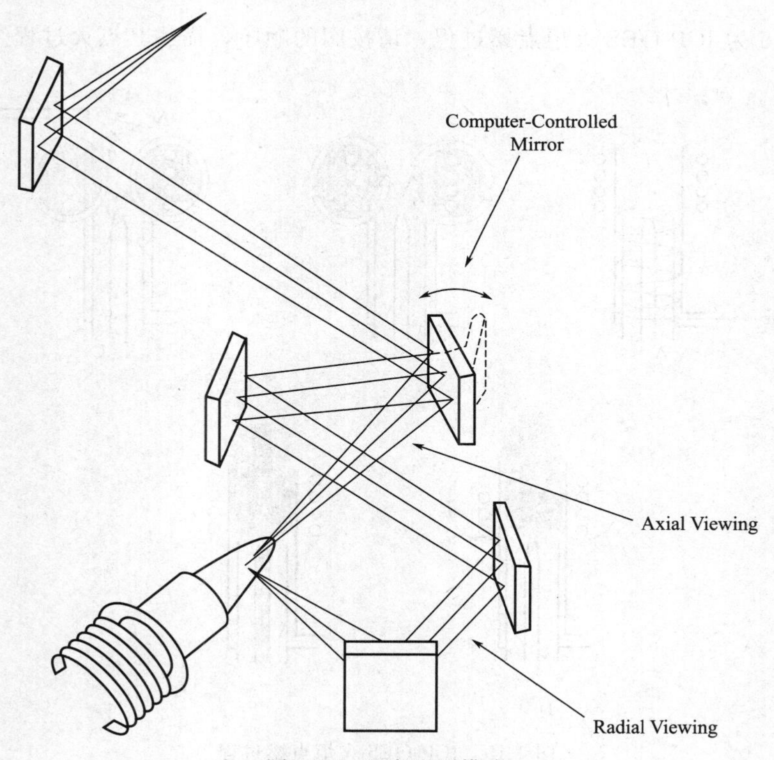


图 1-13 双向观测模式

**27.** 图 1-14 为 ICP-OES 的各区域温度分布图，请描述各区域的名称。

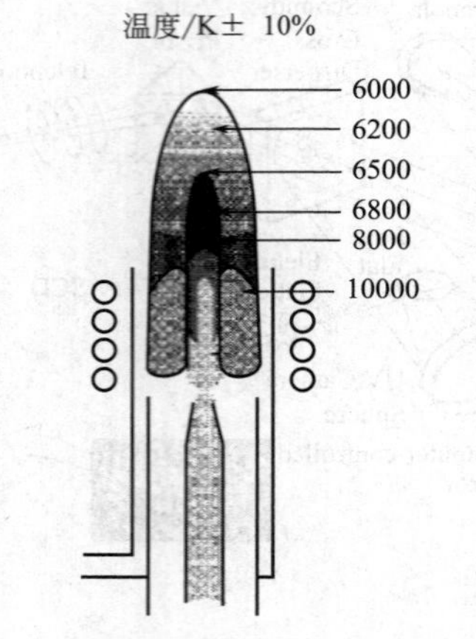


图 1-14　ICP-OES 各区域温度分布

**28.** 图 1-15 为 ICP-OES 火炬点燃过程，请按图的顺序，描述其点火过程。

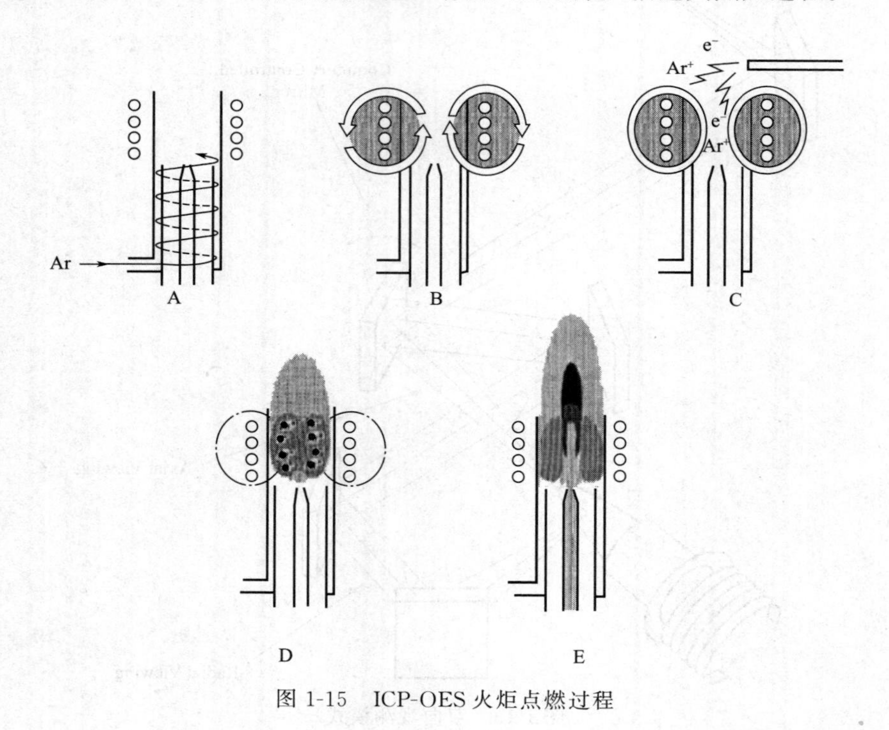


图 1-15　ICP-OES 火炬点燃过程

**29.** 图 1-16 是等离子体结构示意图，请翻译下列英文，并用文字描述电离反应过程。

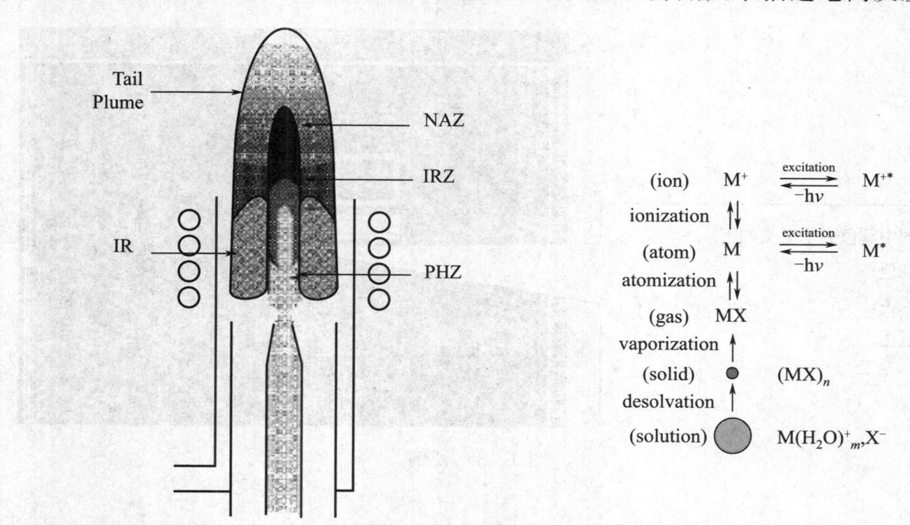


图 1-16　等离子体结构

**30.** 请根据图 1-17，描述“空气刀”的作用。

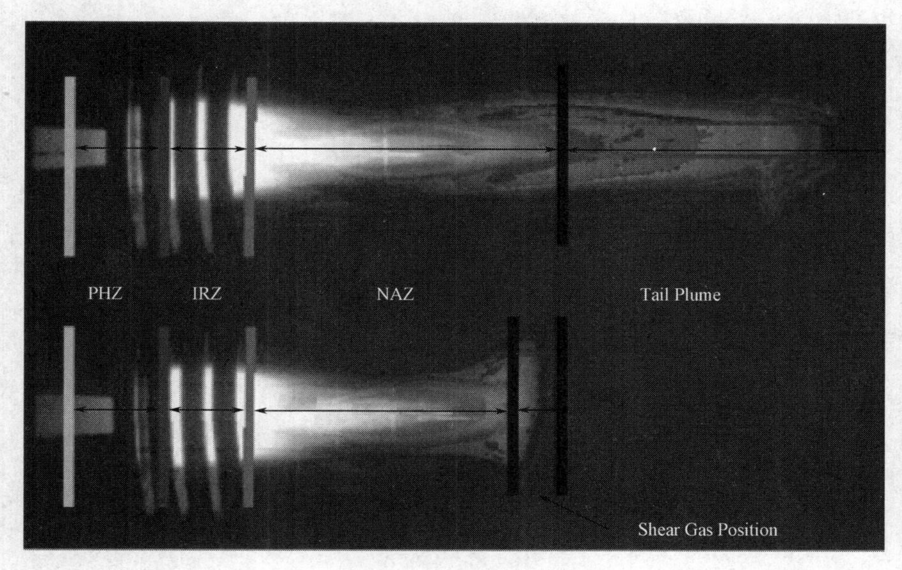


图 1-17　“空气刀”

**31.** 打开工作软件后，将出现图 1-18 所示视窗，请描述图中所示意义。

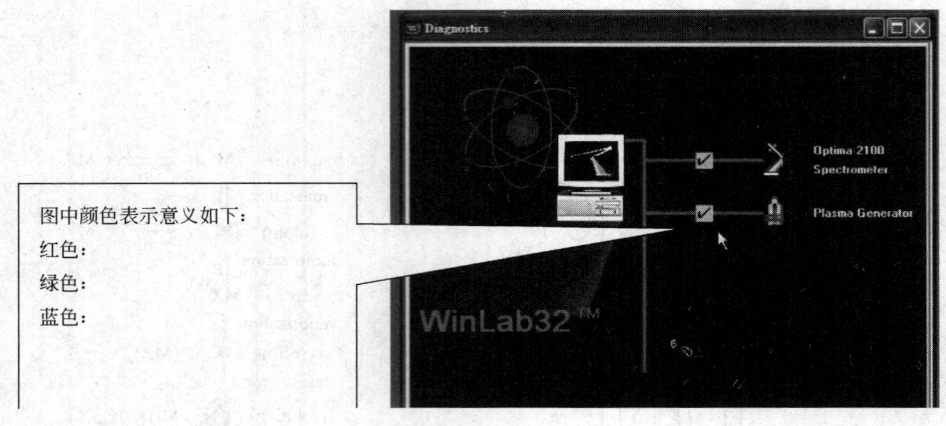


图 1-18　视窗

**32.** ICP-OES 工作站界面。

**33.** 编辑仪器工作站分析方法。

**34.** 将下列点火面板（图 1-19）中的英文翻译成中文。

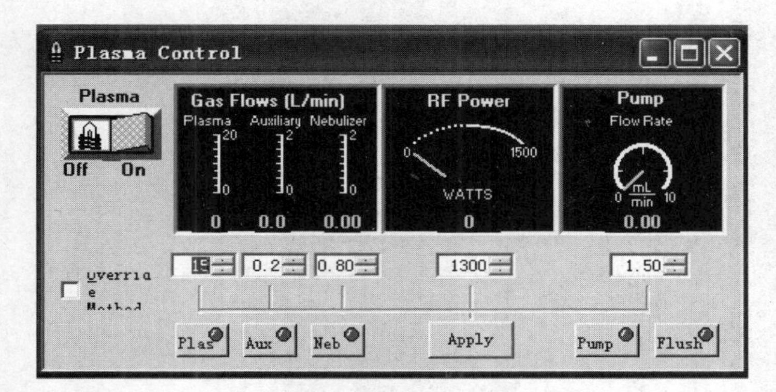


图 1-19　点火面板

**35.** 练习仪器开机点火操作。

**36.** 图 1-20 描述了两种不同电感频率的火焰差异，请根据“趋肤效应”对比两种频率的优劣。

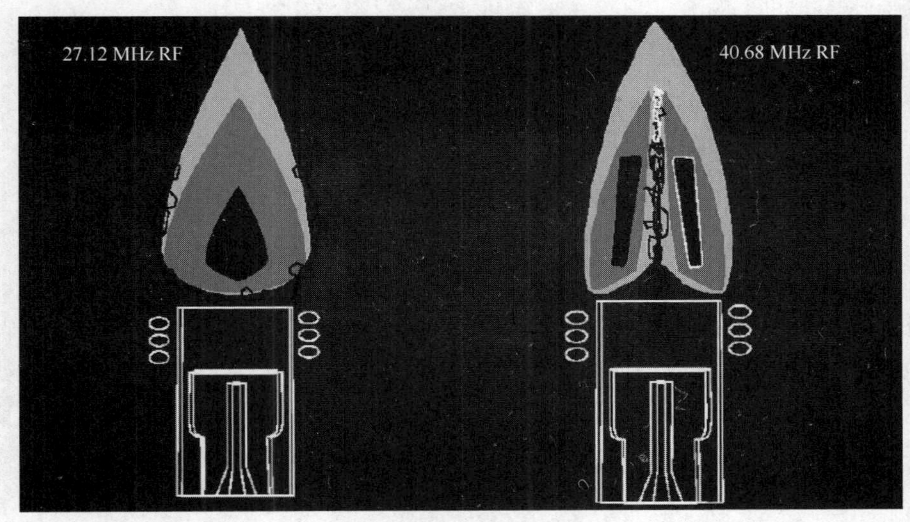


图 1-20　两种不同电感频率的火焰差异

**37.** 练习仪器关机熄火操作。

**38.** 认识工作站数据处理。

**39.** 请列出商业 ICP-OES 的分析性能参数。

## 三、准备相关试剂及溶液

**40.** 列出实验室已有元素标准储备液浓度及其基质。

41. 本次实验测定的元素在水溶液中的存在形态是什么？

42. 请计算 5%盐酸溶液的摩尔浓度。

43. 请计算 5%（g/100mL）硝酸溶液的摩尔浓度。

44. 已知，称量 2.6673g $K(SbO)C_4H_4O_6$，将 $K(SbO)C_4H_4O_6$ 溶解于试剂水中，加入 10mL 1∶1 的盐酸，在 1000mL 的容量瓶中用试剂水稀释到体积。求该溶液的锑元素（Sb）和钾元素（K）的浓度，单位为 mg/L。

**45.** 称量5.716g无水$H_3BO_3$准确到4位有效数字，将$H_3BO_3$溶解于试剂水中，然后在1000mL的容量瓶中用试剂水稀释至体积。在干净的聚四氟乙烯（PTFE）瓶中混合均匀后迅速转移，推荐使用玻璃仪器的容量瓶，可以防止玻璃器皿的污染。求该溶液的硼元素（B)的浓度，单位为mg/L。

**46.** 本次分析的元素使用了哪些标准溶液？请列表表示元素浓度、溶剂种类、厂家、容器类型、容器容量。

**47.** 元素标准溶液常见的溶剂是什么？为什么有这些溶剂体系？能不能只使用一种溶剂体系？请根据元素的溶剂对本次溶剂进行分类，并准备标准使用液。

**48.** 现有溶液可以混合成为一瓶溶液吗？为什么？该如何配制呢？

49. 建立标准溶液表格，同时在电脑上用Excel编辑完成。

50. 列出元素标准曲线，建立流程。

51. 列出标准溶液配制表（表1-23）

表1-23 标准溶液配制表

| 序号 | 名称 | 配制方法 |
|---|---|---|
| 1 | | |
| 2 | | |
| 3 | | |
| 4 | | |
| | | |
| | | |
| | | |
| | | |
| | | |

52. 列出化学溶液配制表（表1-24）

表1-24 溶液配制表

| 序号 | 名称 | 配制方法 |
|---|---|---|
| 1 | | |
| 2 | | |
| 3 | | |
| 4 | | |
| 5 | | |
| | | |

## 四、实验条件及优化

**53.** 请确认ICP-OES的分析各参数的条件。

◇ 氩气压力

◇ 空气压力

◇ 循环水压力

◇ 循环水温度

◇ 雾化气流速

◇ 等离子体流速

◇ 辅助气流速

◇ 等离子体功率

◇ 蠕动泵流速

◇ 元素观测波长

**54.** 请优化ICP-OES的功率参数条件，并得出最佳分析条件（表1-25）。

**表1-25　优化ICP-OES功率参数条件**

| 序　　号 | 1 | 2 | 3 | 4 | 5 |
|---|---|---|---|---|---|
| 功率/W | 1000 | 1100 | 1200 | 1300 | 1400 |
| Al信号值 | | | | | |
| Si信号值 | | | | | |
| B信号值 | | | | | |
| Ti信号值 | | | | | |

**55.** 请优化ICP-OES的蠕动泵参数条件，并得出最佳分析条件（表1-26）。

**表1-26　优化ICP-OES蠕动泵参数条件**

| 序　　号 | 1 | 2 | 3 | 4 | 5 |
|---|---|---|---|---|---|
| 流速 | 0.5 | 1.0 | 1.5 | 2.0 | 2.5 |
| Al信号值 | | | | | |
| Si信号值 | | | | | |
| B信号值 | | | | | |
| Ti信号值 | | | | | |

56. 请优化 ICP-OES 的元素推荐波长参数条件，并得出最佳分析条件（表 1-27）。

表 1-27 优化 ICP-OES 元素推荐波长参数条件

| 序　号 | 1 | 2 | 3 | 4 | 5 |
|---|---|---|---|---|---|
| 波长/nm | 推荐 1 | 推荐 2 | 推荐 3 | 推荐 4 | 推荐 5 |
| Al 信号值 | | | | | |
| Si 信号值 | | | | | |
| B 信号值 | | | | | |
| Ti 信号值 | | | | | |

57. 请优化 ICP-OES 的雾化气流速参数条件，并得出最佳分析条件（表 1-28）。

表 1-28 优化 ICP-OES 雾化气流速参数条件

| 序　号 | 1 | 2 | 3 | 4 | 5 |
|---|---|---|---|---|---|
| 流速 | 0.4 | 0.6 | 0.8 | 1.0 | 1.2 |
| Al 信号值 | | | | | |
| Si 信号值 | | | | | |
| B 信号值 | | | | | |
| Ti 信号值 | | | | | |

58. 请优化 ICP-OES 的等离子体气流速参数条件，并得出最佳分析条件（表 1-29）。

表 1-29 优化 ICP-OES 等离子体气流速参数条件

| 序　号 | 1 | 2 | 3 | 4 | 5 |
|---|---|---|---|---|---|
| 流速 | 13 | 14 | 15 | 16 | 17 |
| Al 信号值 | | | | | |
| Si 信号值 | | | | | |
| B 信号值 | | | | | |
| Ti 信号值 | | | | | |

**59.** 请优化 ICP-OES 的辅助气流速参数条件，并得出最佳分析条件（表 1-30）。

**表 1-30　优化 ICP-OES 辅助气流速参数条件**

| 序　　号 | 1 | 2 | 3 | 4 | 5 |
|---|---|---|---|---|---|
| 流速 | 0.1 | 0.2 | 0.3 | 0.4 | 0.5 |
| Al 信号值 | | | | | |
| Si 信号值 | | | | | |
| B 信号值 | | | | | |
| Ti 信号值 | | | | | |

**60.** 请设计优化 ICP-OES 的超声波雾化器条件实验。

（1）雾化气流速实验设计

（2）雾化加热温度实验设计

（3）雾化冷却温度实验设计

（4）雾化进样流速实验设计

**61.** 请根据标准溶液不同的溶剂体系，设计不同组混标溶液，使用最优化的条件，对比普通雾化器和超声波雾化器数据，列出 ICP-OES 各元素的标准曲线方程、线性回归系数、检出限等。

## 五、样品采集及前处理

**62.** 样品是直接取一些自来水分析吗？该如何采集样品，才能保证样品的均匀性、代表性？

**63.** 样品通常都需要进行前处理，请列出常见的元素分析前处理分析方法。

**64.** ICP-OES是元素分析的最佳方法，其应用范围非常广泛，不同的样品需要不同的前处理。请针对下面三个项目，选择最优的前处理方法。

（1）滤纸残留元素

（2）土壤中P、Si、B等非金属元素

（3）大米重金属残留

**65.** 滤纸是实验室常用耗材，我们一直认为它很干净，没有杂质。请用湿法消解处理实验室用的定性滤纸和定量滤纸，并测定其中的元素组成。

（1）滤纸的主要成分是什么？定性滤纸和定量滤纸有何差异？

（2）如何用湿法处理滤纸？

（3）写出硝酸和纤维素的反应，高氯酸和纤维素的反应。

（4）写出湿法消解条件。

（5）滤纸元素测定结果分析。

（6）我们在使用滤纸过程中，如何消除滤纸中这些残留元素的结果？

**66.** 请用干法消解处理泥土，并测定其中的元素组成。

（1）泥土的主要成分是什么？我国泥土土质有哪几种？

（2）如何用干法处理泥土？

（3）写出泥土干法处理的方程式。

（4）写出干法消解条件。

（5）泥土元素测定结果分析。

**67.** 请用微波消解处理大米，并测定其中的元素组成。

（1）大米的主要成分是什么？

（2）如何用微波处理大米？

（3）我国的土壤广泛地受到重金属的污染，因此所产大米重金属超标也屡见不鲜。请列出常见的大米重金属污染元素，并作为本次项目的分析元素。

（4）写出微波消解条件。

（5）大米元素测定结果分析。

**68.** 请对比原子光谱的三种消解方法的优缺点（表 1-31）。

**表 1-31　原子光谱三种消解方法的优缺点**

| 项　　目 | 微 波 消 解 | 干　　法 | 湿　　法 |
|---|---|---|---|
| 仪器成本 | | | |
| 操作步骤 | | | |
| 实际成本 | | | |
| 消解效果 | | | |
| 适用范围 | | | |

## 六、样品分析测试

**69.** 请完成水质异味排查实验，并记录样品处理过程及仪器分析条件。

**70.** 请你从家中带 1～2 个水样，并使用 ICP-OES、普通雾化器分析测定其中元素组成，记录仪器分析条件及元素测定结果。

**71.** 请你从家中带 1～2 个水样，并使用 ICP-OES、超声波雾化器分析测定其中元素组成，记录仪器分析条件及元素测定结果。

## 七、填写原始数据记录表

**72.** 离线软件功能有哪些？

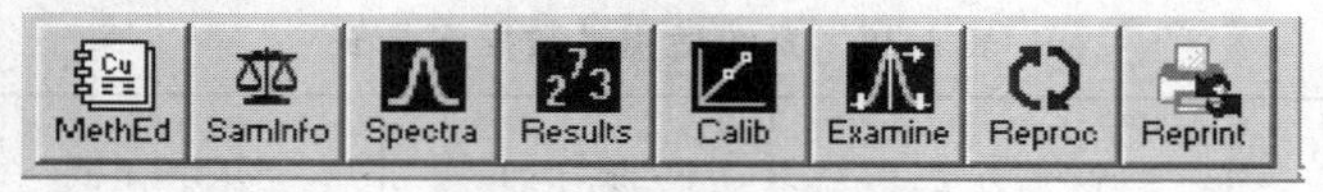


**73.** 图 1-21 窗口是软件什么界面，怎么调出，有何功能？

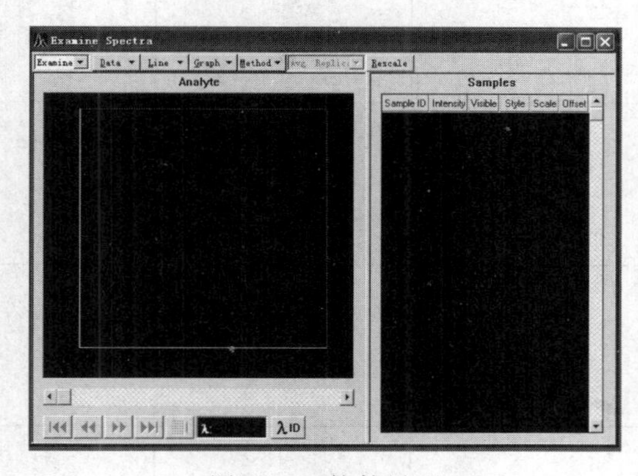


图 1-21 软件界面

**74.** 判断图 1-22 窗口光谱积分参数是否合理。如不合理，请指出不合理点，同时提出解决方案。

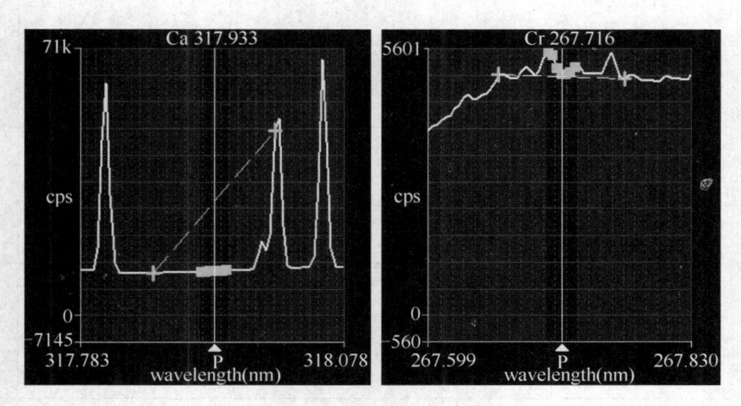


图 1-22 光谱积分参数

**75.** 请完成系统适用性数据记录表格（表 1-32），判断实验系统是否能够提供科学合理、有效准确的数据。

**表 1-32　系统适用性数据记录表**

| 序号 | 评价参数 | 评价方法 | 评价标准 | 实际测定值 | 是否通过 |
| --- | --- | --- | --- | --- | --- |
| 1 | 准确度 | | | | |
| 2 | 重复性 | | | | |
| 3 | 中间精密度 | | | | |
| 4 | 重现性 | | | | |
| 5 | 专属性 | | | | |
| 6 | 检测限 | | | | |
| 7 | 定量限 | | | | |
| 8 | 线性 | | | | |
| 9 | 范围 | | | | |
| 10 | 耐用性 | | | | |

**76.** 请参考凯氏定氮原始数据记录表格（表 1-33），设计并完成本实验的原始数据表格。

**表 1-33　凯氏定氮原始数据记录表**

| 样品数量 | | 实验环境 | 温度　　℃　湿度　　% |
| --- | --- | --- | --- |
| 检验项目 | | 检验日期 | |
| 检验依据 | | 样品状态 | □液态　□固态　□其他 |
| 前处理方法 | | | |
| 仪器设备 | □ 凯氏定氮仪 K9840(海能)□ 电子天平 BT224S(赛多利斯)<br>□ 电位滴定仪 ZDJ-3D(先驱威锋)□ 电子天平 JA5003(上海舜宇) | | |
| 仪器条件 | 硫酸钾______g;硫酸铜______g;消解程序______℃保持______min;升温到______℃<br>保持______min<br>稀释体积______mL;硼酸体积______mL;加碱体积______mL;蒸馏时间______min;<br>淋洗体积______mL | | |

1. 定量方法见附图，共　　页　　　　2."√"为确认符

计算公式:□

$$X=\frac{(V_1-V_2)c\times 0.0140}{mV_3/100}F\times 100$$

|  |  |
| --- | --- |
| $X$ | 试样中蛋白质的含量,g/100 g |
| $V_1$ | 试液消耗硫酸或盐酸标准滴定液的体积,mL |
| $V_2$ | 试剂空白消耗硫酸或盐酸标准滴定液的体积,mL |
| $V_3$ | 吸取消化液的体积,mL |
| $c$ | 盐酸标准滴定溶液浓度,mol/L |
| 0.0140 | 1.0 mL 硫酸[$c(1/2H_2SO_4)$=1.000 mol/L]或盐酸[$c$(HCl) =1.000 mol/L]标准滴定溶液相当的氮的质量,g |
| $m$ | 试样的质量,g |
| $F$ | 氮换算为蛋白质的系数。一般食物为 6.25;纯乳与纯乳制品为 6.38;面粉为 5.70;玉米、高粱为 6.24;花生为 5.46;大米为 5.95;大豆及其粗加工制品为 5.71;大豆蛋白制品为 6.25;肉与肉制品为 6.25;大麦、小米、燕麦、裸麦为 5.83;芝麻、向日葵为 5.30;复合配方食品为 6.25 |

| 加标回收 | 加标物 | 加标量( ) | 本底值( ) | 测定值( ) | 回收率/% |
| --- | --- | --- | --- | --- | --- |
| | | | | | |
| | | | | | |

| 样品编号 | 样品名称 | 检测项目 | 称样量<br>$m$( ) | 体积<br>$V$/mL | 测定值<br>( ) | 测定结果<br>( ) | 平均值<br>( ) |
| --- | --- | --- | --- | --- | --- | --- | --- |
| | | | | | | | |
| | | | | | | | |
| | | | | | | | |

备注:

检验员:　　　　　　　　审核人:　　　　　　　　第　　页 共　　页

## 八、活动评价（表 1-34、表 1-35）

**表 1-34　活动评价 1**

| 水质异味排查工作流程教师考核表 | | | | | |
|---|---|---|---|---|---|
| 第一阶段:安全手册(9 分) | | 正确 | 错误 | 分值 | 得分 |
| 1 | 正确编写仪器组成 | | | 3 分 | |
| 2 | 正确编辑关键操作步骤 | | | 3 分 | |
| 3 | 正确编写注意事项 | | | 3 分 | |
| 第二 阶段:练习 ICP-OES 仪器开关机操作(27 分) | | 正确 | 错误 | 分值 | 得分 |
| 4 | 正确描述 PE 2100DV 及 5300V 各主要部件 | | | 2 分 | |
| 5 | 能分辨常用的雾化器 | | | 2 分 | |
| 6 | 能分辨常用的雾室 | | | 2 分 | |
| 7 | 能绘制等离子结构图 | | | 2 分 | |
| 8 | 能识别 ICP 观测方向 | | | 2 分 | |
| 9 | 能区分 PE 2100DV 和 5300V 分光系统 | | | 2 分 | |
| 10 | 能描述等离子点火过程 | | | 2 分 | |
| 11 | 能区分不同频率等离子差异 | | | 2 分 | |
| 12 | 能绘制空气刀工作原理图 | | | 2 分 | |
| 13 | 能编辑仪器分析方法 | | | 3 分 | |
| 14 | 正确进行仪器开机 | | | 3 分 | |
| 15 | 了解数据处理工具 | | | 3 分 | |
| 第三阶段:准备相关试剂及溶液(7 分) | | 正确 | 错误 | 分值 | 得分 |
| 16 | 溶液浓度计算,不同浓度单位的转换 | | | 2 分 | |
| 17 | 能根据元素标准溶液基体进行正确分组 | | | 2 分 | |
| 18 | 能建立标准溶液相关的 Excel 表格 | | | 3 分 | |
| 第四阶段:实验条件优化(26 分) | | 正确 | 错误 | 分值 | 得分 |
| 19 | 优化波长 | | | 3 分 | |
| 20 | 优化雾化气流速 | | | 3 分 | |
| 21 | 优化等离子体气体流速 | | | 3 分 | |
| 22 | 优化辅助气流速 | | | 3 分 | |
| 23 | 优化超声波雾化器 | | | 3 分 | |
| 24 | 建立元素标准曲线 | | | 3 分 | |
| 25 | 能完整填写 ICP-OES 各分析参数 | | | 2 分 | |
| 26 | 优化功率 | | | 3 分 | |
| 27 | 优化进样流速 | | | 3 分 | |

续表

| | 第五阶段：样品采集及前处理(21分) | 正确 | 错误 | 分值 | 得分 |
|---|---|---|---|---|---|
| 28 | 样品代表性采集方案 | | | 4分 | |
| 29 | 能湿法消解滤纸 | | | 5分 | |
| 30 | 能干法消解土壤 | | | 4分 | |
| 31 | 能微波消解大米 | | | 6分 | |
| 32 | 能对比三种前处理方法的优缺点 | | | 2分 | |
| | 第六阶段：样品分析测试(6分) | 正确 | 错误 | 分值 | 得分 |
| 33 | 完整填写普通雾化器分析条件 | | | 3分 | |
| 34 | 完整填写超声波雾化器分析条件 | | | 3分 | |
| | 第七阶段：填写原始数据记录表(4分) | 正确 | 错误 | 分值 | 得分 |
| 35 | 能正确进行光谱检查 | | | 2分 | |
| 36 | 能正确设计并填写原始数据表 | | | 2分 | |
| | 水质异味排查工作流程考核总计 | | | 100分 | |

| 综合评价项目 | | 详细说明 | 分值 | 扣分 |
|---|---|---|---|---|
| 1 | 基本操作规范性 | 动作规范准确，不扣分 | | |
| | | 动作比较规范，扣1～2分 | | |
| | | 动作较生硬，有较多失误扣3分 | | |
| 2 | 熟练程度 | 操作非常熟练，不扣分 | | |
| | | 操作较熟练，扣1～2分 | | |
| | | 操作生疏，扣3～5分 | | |
| 3 | 分析检测用时 | 各分项按要求时间内完，不扣分 | | |
| | | 各分项未按要求时间内完成，扣1～2分 | | |
| 4 | 实验室5S | 实验台符合5S，不扣分 | | |
| | | 实验台不符合5S，扣1～2分 | | |
| 5 | 礼貌 | 对待考官礼貌，不扣分 | | |
| | | 欠缺礼貌1分，扣1～2分 | | |
| 6 | 工作过程安全性 | 非常注意安全，不扣分 | | |
| | | 有事故隐患，扣1～4分 | | |
| | | 发生事故，扣5分 | | |
| 注：综合评价项目以扣分计，可按分项重复扣分，直至扣到零分为止！ | | | | |
| | | 总成绩分值合计 | 100分 | |

表 1-35　活动评价 2

| 项次 | | 项目要求 | 配分 | 评分细则 | 自评分数 | 小组评分 | 教师评分 |
|---|---|---|---|---|---|---|---|
| 素养（20 分） | 纪律情况（5 分） | 按时到岗，不早退 | 2 分 | 违反规定，每次扣 2 分 | | | |
| | | 积极思考回答问题 | 2 分 | 根据上课统计情况得 1～2 分 | | | |
| | | 四有一无（有本、笔、书、工作服，无手机） | 1 分 | 违反规定每项扣 1 分 | | | |
| | | 执行教师命令 | 0 分 | 此为否定项，违规酌情扣 10～100 分，违反校规按校规处理 | | | |
| | 职业道德（10 分） | 主动与他人合作 | 4 分 | 主动合作得 4 分<br>被动合作得 2 分<br>不合作得 0 分 | | | |
| | | 主动帮助同学 | 3 分 | 能主动帮助同学得 3 分<br>被动得 1 分 | | | |
| | | 严谨、追求完美 | 3 分 | 对工作精益求精且效果明显得 3 分<br>对工作认真得 1 分<br>其余不得分 | | | |
| | 5S（5 分） | 桌面、地面整洁 | 3 分 | 自己的工位桌面、地面整洁无杂物，得 3 分<br>不合格不得分 | | | |
| | | 物品定置管理 | 2 分 | 按定置要求放置得 2 分<br>其余不得分 | | | |
| 核心能力（60 分） | 教师考核表________×0.60=________ | | | | | | |
| 工作页完成情况（20 分） | 按时完成工作页（20 分） | 及时提交 | 5 分 | 按时提交 5 分，迟交不得分 | | | |
| | | 内容完成程度 | 5 分 | 按完成情况分别得 1～5 分 | | | |
| | | 回答准确率 | 5 分 | 视准确率情况分别得 1～5 分 | | | |
| | | 有独到的见解 | 5 分 | 视见解程度分别得 1～5 分 | | | |
| | | | | 总分 | | | |
| | | | | 加权平均（自评 20%，小组评价 30%，教师评价 50%） | | | |

教师评价签字：　　　　　　　　　　组长签字：

1. 请你根据以上打分情况，对本活动当中的工作和学习状态进行总体评述（从素养的自我提升方面、职业能力的提升方面进行评述，分析自己的不足之处，描述对不足之处的改进措施）。

2. 教师指导意见：

# 活动四　交付验收

**建议学时**：8课时

**学习要求**：该活动主要包括数据校验与质量保证、出具检测报告、编制作业指导书、编制仪器操作规程。具体工作步骤及要求见表1-36。

**表1-36　工作步骤及要求**

| 序号 | 工作步骤 | 要求 | 时间/min | 备注 |
| --- | --- | --- | --- | --- |
| 1 | 数据校验与质量保证 | 能区分质量标准与检测方法标准 | 15 | |
| | | 掌握重现性评价方法 | 25 | |
| | | 掌握准确性评价方法 | 25 | |
| | | 掌握检出限评价方法 | 25 | |
| | | 掌握线性范围评价方法 | 25 | |
| 2 | 出具检测报告 | 正确填写报告 | 45 | |
| 3 | 编制作业指导书 | 编写ICP-OES水质元素分析作业指导书 | 90 | |
| 4 | 编制仪器操作规程 | 编写PE ICP-OES 2100仪器操作规程 | 90 | |
| 5 | 活动评价 | | 20 | |

## 一、数据校验与质量保证

**1.** 本次实验中，我们出现了哪些问题？哪些还未解决，哪些又解决了？请针对问题，分析问题原因，提出可行的解决方案，见表 1-37。

**表 1-37　问题原因及解决方案**

| 序　号 | 问　题 | 原　因 | 解决方案 |
|---|---|---|---|
| 1 | | | |
| 2 | | | |
| 3 | | | |
| 4 | | | |
| 5 | | | |
| 6 | | | |
| 7 | | | |
| 8 | | | |

**2.** 本次实验过程中，我们参考哪些标准？哪些是质量限值标准？哪些是检测方法标准？

3. 检测标准中规定的检测重现性如何评估？

4. 检测标准中规定的检测准确性如何评估？

5. 检测标准中检出限如何评估？

6. 检测标准中线性范围如何评估？

**7.** 请列表对比 ICP-OES 几种常见雾化器的雾化效率、耐盐度、稳定性、成本、耐氢氟酸、残留记忆效应等。

## 二、出具检测报告（表 1-38、表 1-39）

**表 1-38　北京市工业技师学院理化分析测试实验中心**

**检测报告**

<table>
<tr><td rowspan="2">产 品 名 称</td><td rowspan="2"></td><td>型 号 规 格</td><td></td></tr>
<tr><td>商标</td><td></td></tr>
<tr><td>受检单位</td><td></td><td>检验类别</td><td></td></tr>
<tr><td>生产单位</td><td></td><td>样品等级</td><td></td></tr>
<tr><td>抽样地点</td><td></td><td>送样日期</td><td></td></tr>
<tr><td>样品数量</td><td></td><td>送样者</td><td></td></tr>
<tr><td>样品编号</td><td></td><td>原编号或生产日期</td><td></td></tr>
<tr><td>检测依据</td><td colspan="3"></td></tr>
<tr><td>检测项目</td><td colspan="3"></td></tr>
<tr><td>检测结论</td><td colspan="3"></td></tr>
<tr><td>备注</td><td colspan="3"></td></tr>
</table>

| 批准 | | 审核 | | 主检 | |
|---|---|---|---|---|---|

表 1-39 北京市工业技师学院化学分析测试实验中心

检测报告

| 水样名称 | | 取样日期 | |
|---|---|---|---|
| 水样编号 | | 送样日期 | |
| 取样地点 | | 检测日期 | |
| 样品登记编号 | | 报告日期 | |

| 序 号 | 项 目 | 检 测 限 | 实际含量/(mg/L) | | |
|---|---|---|---|---|---|
| | | mg/L | | | |
| 1 | | | | | |
| 2 | | | | | |
| 3 | | | | | |
| 4 | | | | | |
| 5 | | | | | |
| 6 | | | | | |
| 7 | | | | | |
| 8 | | | | | |
| 9 | | | | | |
| 10 | | | | | |
| 11 | | | | | |
| 12 | | | | | |
| 13 | | | | | |
| 14 | | | | | |
| 15 | | | | | |
| 16 | | | | | |
| 17 | | | | | |
| 18 | | | | | |

## 三、编制作业指导书（表 1-40～表 1-48）

检测方法依据：

GB/T

适用范围：

测量范围：

（一）化学试剂

表 1-40 化学试剂

| 序号 | 名称 | 级别 | 包装 | 试剂生产厂商 |
| --- | --- | --- | --- | --- |
| 1 | | | | |
| 2 | | | | |
| 3 | | | | |
| 4 | | | | |
| | | | | |
| | | | | |
| | | | | |

（二）标准物质

表 1-41 标准物质

| 序号 | 名称 | 级别 | 包装 | 试剂生产厂商 |
| --- | --- | --- | --- | --- |
| 1 | | | | |
| 2 | | | | |
| 3 | | | | |
| | | | | |

（三）检测用仪器

表 1-42 检测用仪器

| 序号 | 名称 | 型号 | 规格 |
| --- | --- | --- | --- |
| 1 | | | |
| 2 | | | |
| | | | |
| | | | |

（四）辅助设备

表 1-43 辅助设备

| 序号 | 名称 | 型号 | 规格及厂商 |
| --- | --- | --- | --- |
| 1 | | | |
| 2 | | | |
| 3 | | | |
| 4 | | | |
| | | | |
| | | | |

（五）玻璃仪器

表 1-44 玻璃仪器

| 序号 | 名称 | 规格 |
| --- | --- | --- |
| 1 | | |
| 2 | | |
| 3 | | |
| 4 | | |
| 5 | | |
| | | |
| | | |
| | | |
| | | |
| | | |

（六）其他耗材

表 1-45 其他耗材

| 序号 | 名称 | 规格 |
| --- | --- | --- |
| 1 | | |
| 2 | | |
| 3 | | |
| | | |
| | | |
| | | |
| | | |
| | | |

（七）标准溶液配制

表 1-46 标准溶液配制

| 序号 | 名称 | 配制方法 |
| --- | --- | --- |
| 1 | | |
| 2 | | |
| 3 | | |
| 4 | | |
| | | |
| | | |
| | | |
| | | |
| | | |

（八）化学试剂溶液配制

表 1-47　化学试剂溶液配制

| 序号 | 名称 | 配制方法 |
| --- | --- | --- |
| 1 | | |
| 2 | | |
| 3 | | |
| 4 | | |
| 5 | | |
| | | |

（九）检测步骤

**1.** 样品处理

表 1-48　样品处理

| 序号 | 检测步骤 | 说　明 | 认　可 |
| --- | --- | --- | --- |
| 1 | 称取试样 | | |
| 2 | | | |
| 3 | | | |
| 4 | | | |
| 5 | | | |
| 6 | | | |
| 7 | | | |
| 8 | | | |
| | | | |
| | | | |
| | | | |
| | | | |

**2.** 仪器测定

① 仪器工作条件

② 校正曲线制作

（十）计算公式

式中：

（十一）检测方法对测定结果的规定

**1.** 平行测定结果用算术平均值表示，保留小数点后一位。

**2.** 相对偏差≤±5%。

## 四、编写仪器操作规程

请参考下面液相色谱仪操作规程，完成ICP-OES的操作规程编写。

# 瓦里安Prostar 210高效液相色谱仪 HPLC操作规程

**1.** 仪器组成

该系统由电脑工作站、在线脱气机、液相双泵、自动进样器、柱温箱、二极管阵列检测器和示差检测器等组成。

**2.** 安装色谱柱

根据分析要求，选择合理色谱柱。常用的色谱柱有C18、C8、凝胶柱等。将色谱柱安装于Prostar 500柱温箱内。

安装时，管路尽量往色谱柱内插，用手拧紧连接头即可。拧紧后，稍用力拔一下，检查是否可以拔出。也可以在运行时，使用干净的滤纸检查是否漏液。

**3.** 配制流动相

3.1 根据分析需求，配制流动相。常用的流动相有缓冲溶液、水、甲醇、乙腈等。该系统有A、B双泵，A泵为水相，B泵为有机相。

3.2 流动相过滤脱气

使用0.45μm的微孔滤膜，流动相脱气装置，真空脱气10min。注意，真空脱气不适用于混合流动相。

3.3 排除管路气泡

将配制好的有机系、水系流动相分别连接在有机系、水系的管路中，调节三通阀排除流动相前的气泡。

**4.** 开机

4.1 连接电源，打开电脑、在线脱气机、液相双泵、自动进样器、柱温箱、二极管阵列检测器和示差检测器的电源。

4.2 联机

点击电脑工作站屏幕左上方的，等待仪器联机。联机完成，电脑工作站的字体变为黑体，Prostar 210显示“Remote”。

4.3 打开Prostar 335 DAD检测器的灯

按“Windows”→“Prostar 335.44”→“Option”出现：

335.44 - Options

| | |
|---|---|
| Lamp Operations... | On/Off/New/Fault |
| Flow Cell... | 9x0 Ratio: Not Used |
| Output Gain... | Standard |
| Calibrate Lamp(s)... | See User's Manual |
| Ethernet Settings... | See User's Manual |
| Sync... | Inputs: Enabled<br>ReadyIn: Disabled |
| Close | |

点击“Lamp Option”，将UV灯和Vis灯打开。如果不使用DAD检测器，可以不打开此灯。

**5.** 方法编辑

5.1　点击“Prostar 210”窗口处的“Method”，弹出方法编辑窗口：

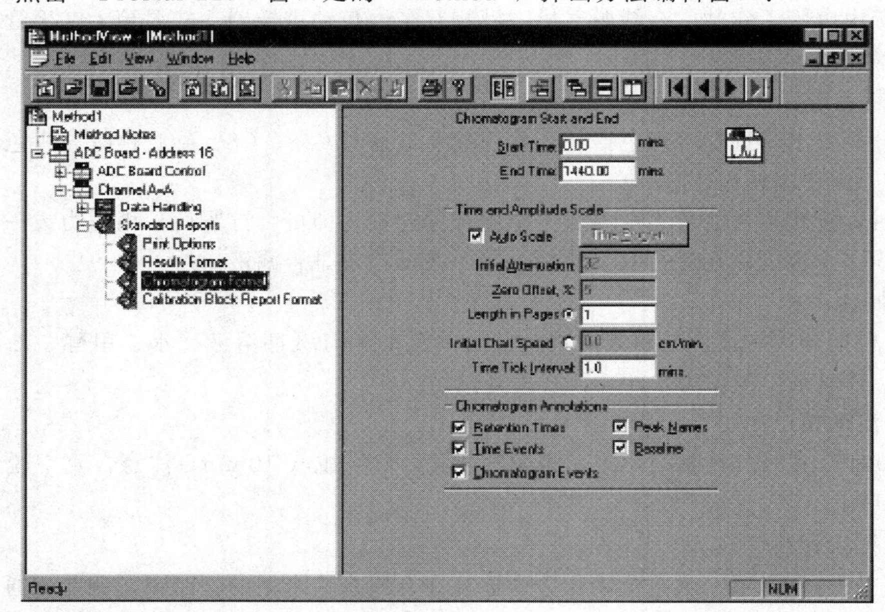


5.2　依次编辑“ProStar/Dynamax”、“Auto Sample”、“Column Oven”、“Detector”参数，分别包括流动相比例和示差检测器、自动进样器、柱温、二极管阵列检测器参数。

5.3　点击保存，关闭回到“Prostar 210”界面，点击“Reactive”重新激活方法。

**6.** 进样分析

6.1　等待基线平稳后，使仪器和工作站同时处于“Ready”状态，为绿色。

6.2　吸取一定体积所测样品，从所选进样口打入样品。

6.3　仪器自动运行，“Run”灯亮。

**7.** 数据分析

同样在“Method”中，可以进行数据的处理分析。选择合理的处理方法，进行数据分析，具体可以参考仪器说明书或参考工作站的“Help”。

**8.** 关机

8.1 再次运行基线程序，检查基线是否符合分析要求。

8.2 关闭电脑、在线脱气机、液相双泵、自动进样器、柱温箱、二极管阵列检测器和示差检测器，切断电源。

**9.** 注意事项

9.1 保持室内通风。

9.2 流动相和管路中不能有气泡，如果有，可以大流速冲洗。

9.3 如果不使用某个检测器，可以不打开该检测器以延长检测器寿命。

9.4 分析样品和流动相均需要通过微孔滤膜，否则堵塞管路。

9.5 分析前，检查废液瓶内液体是否充满。

9.6 混合磷酸盐等流动相不可隔夜使用。

## 五、活动评价（表1-49）

**表1-49 活动评价**

| 项次 | 项目要求 | | 配分 | 评分细则 | 自评分数 | 小组评分 | 教师评分 |
|---|---|---|---|---|---|---|---|
| 素养（20分） | 纪律情况（5分） | 按时到岗，不早退 | 2分 | 违反规定，每次扣2分 | | | |
| | | 积极思考回答问题 | 2分 | 根据上课统计情况得1～2分 | | | |
| | | 四有一无（有本、笔、书、工作服，无手机） | 1分 | 违反规定每项扣1分 | | | |
| | | 执行教师命令 | 0分 | 此为否定项，违规酌情扣10～100分，违反校规按校规处理 | | | |
| | 职业道德（10分） | 主动与他人合作 | 4分 | 主动合作得4分<br>被动合作得2分<br>不合作得0分 | | | |
| | | 主动帮助同学 | 3分 | 能主动帮助同学得3分<br>被动得1分 | | | |
| | | 严谨、追求完美 | 3分 | 对工作精益求精且效果明显得3分<br>对工作认真得1分<br>其余不得分 | | | |
| | 5S（5分） | 桌面、地面整洁 | 3分 | 自己的工位桌面、地面整洁无杂物，得3分<br>不合格不得分 | | | |
| | | 物品定置管理 | 2分 | 按定置要求放置得2分<br>其余不得分 | | | |
| 核心能力（60分） | 数据校验与质量保证（19分） | 发现、分析及解决问题能力 | 4分 | 发现实验问题得1分<br>分析实验问题得1分<br>提出解决方案得2分 | | | |
| | | 质量标准与检测方法标准 | 3分 | 能区分质量标准与检测方法标准得3分 | | | |
| | | 重现性 | 3分 | 掌握重现性评价方法得3分 | | | |
| | | 准确性 | 3分 | 掌握准确性评价方法得3分 | | | |
| | | 检出限 | 3分 | 掌握检出限评价方法得3分 | | | |
| | | 线性范围 | 3分 | 掌握线性范围评价方法得3分 | | | |
| | 出具检测报告（9分） | | 9分 | 报告完整、结果准确得9分 | | | |

续表

| 项次 | 项目要求 | | 配分 | 评分细则 | 自评分数 | 小组评分 | 教师评分 |
|---|---|---|---|---|---|---|---|
| 核心能力（60分） | 编制作业指导书（16分） | | 16分 | 作业指导书内容完整、详实得16分<br>有缺项，每项扣5分，扣完为止 | | | |
| | 编写操作规程（16分） | | 16分 | 操作规程内容完整、详实得16分<br>有缺项，每项扣5分，扣完为止 | | | |
| 工作页完成情况（20分） | 按时完成工作页（20分） | 及时提交 | 5分 | 按时提交得5分，迟交不得分 | | | |
| | | 内容完成程度 | 5分 | 按完成情况分别得1～5分 | | | |
| | | 回答准确率 | 5分 | 视准确率情况分别得1～5分 | | | |
| | | 有独到的见解 | 5分 | 视见解程度分别得1～5分 | | | |
| 总分 | | | | | | | |
| 加权平均（自评20%，小组评价30%，教师评价50%） | | | | | | | |
| 教师评价签字： | | | | 组长签字： | | | |

1. 请你根据以上打分情况，对本活动当中的工作和学习状态进行总体评述（从素养的自我提升方面、职业能力的提升方面进行评述，分析自己的不足之处，描述对不足之处的改进措施）。

2. 教师指导意见：

# 活动五　总结拓展

**建议学时**：16 课时

**学习要求**：该活动主要包括项目回顾、技术总结报告、拓展练习。具体工作步骤及要求见表 1-50。

表 1-50　工作步骤及要求

| 序号 | 工作步骤 | 要求 | 时间/min | 备注 |
| --- | --- | --- | --- | --- |
| 1 | 项目回顾 | 能采取具有代表性的样品 | 45 | |
| | | 检测过程的质量保证体系 | 45 | |
| 2 | 撰写技术论文 | 查阅参考文献，编写前言 | 45 | |
| | | 编写实验设计、实验过程 | 45 | |
| | | 编写实验结果 | 45 | |
| | | 正确进行结果与分析 | 70 | |
| | | 能发现实验出现问题，并提出解决方案 | 90 | |
| | | 能将方法进行推广、移植 | 90 | |
| | | 正确书写参考文献 | 45 | |
| 3 | 拓展练习 | 设计铅锌矿石分析测试方案 | 90 | |
| | | 设计“千滚水”流言终结者实验方案 | 90 | |
| 4 | 活动评价 | | 20 | |

## 一、项目回顾

**1.** 根据 GB/T 5750.1～3—2006 要求，回顾实验设计，列出出现的问题，并提出及其解决方案。

**2.** 该如何设计实验来保证分析数据的质量？

**3.** 哪些元素可以直接使用 ICP-OES 分析？哪些元素必须增加超声波雾化器等进样技术？

**4.** 设计实验，如何评估普通雾化器雾化效率？

**5.** 原子光谱通常可以使用哪些前处理技术？

6. 通过测定水质，我们可以了解全班所有同学家里的水质情况。请给出一份安全饮水、健康饮水、科学饮水的建议。

## 二、撰写技术论文

7. 请按下列要求完成一份该项目的技术论文，论文字数控制在3000～6000字。

技术论文包括以下几部分内容：①前言/介绍，查阅参考文献，说明项目的由来，研究、测试的目的、意义及必要性。②实验过程，说明解决问题的方式、方法、手段，体现实验设计、创新性等。③实验结果与分析，写出实验所得的结果，并对结果进行分析，合理解释，得出结论。④问题及解决方案，将实验过程出现的问题罗列，记录问题解决过程，提出解决方案。⑤推广价值，将该项目的现实应用进行推广，应用到更多领域。⑥致谢，项目涉及的个人、单位等。⑦参考文献，按相关性、重要性写出相应文献。

## 三、拓展练习

**8.** 请设计一个铅锌矿石样品的分析测试方案。

**9.** 流言终结者——“千滚水”实验，设计要求如下。

（1）能制定一个有效的“千滚水”测定方案。

（2）完成水质中的营养性元素测定。

（3）完成水质中的污染性元素测定。

（4）煮水容器的探查。

## 四、活动评价（表 1-51）

**表 1-51　活动评价**

| 项次 | 项目要求 | | 配分 | 评分细则 | 自评分数 | 小组评分 | 教师评分 |
|---|---|---|---|---|---|---|---|
| 素养<br>（20 分） | 纪律情况<br>（5 分） | 按时到岗，不早退 | 2 分 | 违反规定，每次扣 2 分 | | | |
| | | 积极思考回答问题 | 2 分 | 根据上课统计情况得 1～2 分 | | | |
| | | 四有一无（有本、笔、书、工作服，无手机） | 1 分 | 违反规定每项扣 1 分 | | | |
| | | 执行教师命令 | 0 分 | 此为否定项，违规酌情扣 10～100 分，违反校规按校规处理 | | | |
| | 职业道德<br>（10 分） | 主动与他人合作 | 4 分 | 主动合作得 4 分<br>被动合作得 2 分<br>不合作得 0 分 | | | |
| | | 主动帮助同学 | 3 分 | 能主动帮助同学得 3 分<br>被动得 1 分 | | | |
| | | 严谨、追求完美 | 3 分 | 对工作精益求精且效果明显得 3 分<br>对工作认真得 1 分<br>其余不得分 | | | |
| | 5S（5 分） | 桌面、地面整洁 | 3 分 | 自己的工位桌面、地面整洁无杂物，得 3 分<br>不合格不得分 | | | |
| | | 物品定置管理 | 2 分 | 按定置要求放置得 2 分<br>其余不得分 | | | |
| 核心能力<br>（60 分） | 技术论文<br>（25 分） | 前言简介<br>实验过程<br>实验结果<br>分析讨论<br>问题及解决方案<br>方法推广<br>致谢<br>参考文献 | 25 分 | 查阅参考文献，编写前言 2 分<br>编写实验设计、实验过程 5 分<br>编写实验结果 5 分<br>正确进行分析讨论 4 分<br>能发现实验出现问题，并提出解决方案 5 分<br>能将方法进行推广、移植 2 分<br>正确书写参考文献 2 分 | | | |

续表

<table>
<tr><td>项次</td><td colspan="3">项 目 要 求</td><td>配分</td><td>评 分 细 则</td><td>自评分数</td><td>小组评分</td><td>教师评分</td></tr>
<tr><td rowspan="2">核心能力（60分）</td><td rowspan="2">拓展练习（35分）</td><td colspan="2">矿石分析</td><td>15分</td><td>设计铅锌矿石分析测试方案15分</td><td></td><td></td><td></td></tr>
<tr><td colspan="2">“千滚水”流言</td><td>20分</td><td>设计“千滚水”流言终结者实验方案20分</td><td></td><td></td><td></td></tr>
<tr><td rowspan="4">工作页完成情况（20分）</td><td rowspan="4">按时完成工作页（20分）</td><td colspan="2">及时提交</td><td>5分</td><td>按时提交得5分，迟交不得分</td><td></td><td></td><td></td></tr>
<tr><td colspan="2">内容完成程度</td><td>5分</td><td>按完成情况分别得1～5分</td><td></td><td></td><td></td></tr>
<tr><td colspan="2">回答准确率</td><td>5分</td><td>视准确率情况分别得1～5分</td><td></td><td></td><td></td></tr>
<tr><td colspan="2">有独到的见解</td><td>5分</td><td>视见解程度分别得1～5分</td><td></td><td></td><td></td></tr>
<tr><td colspan="6">总分</td><td></td><td></td><td></td></tr>
<tr><td colspan="6">加权平均（自评20%，小组评价30%，教师评价50%）</td><td colspan="3"></td></tr>
<tr><td colspan="5">教师评价签字：</td><td colspan="4">组长签字：</td></tr>
<tr><td colspan="9">1. 请你根据以上打分情况，对本活动当中的工作和学习状态进行总体评述（从素养的自我提升方面、职业能力的提升方面进行评述，分析自己的不足之处，描述对不足之处的改进措施）。</td></tr>
<tr><td colspan="9">2. 教师指导意见：</td></tr>
</table>

## 项目总评（表1-52）

**表1-52　项目总评**

<table>
<tr><td>项次</td><td>项目内容</td><td>权重</td><td>综合得分（各活动加权平均分×权重）</td><td>备　注</td></tr>
<tr><td>1</td><td>接受任务</td><td>10%</td><td></td><td></td></tr>
<tr><td>2</td><td>制定方案</td><td>25%</td><td></td><td></td></tr>
<tr><td>3</td><td>实施分析</td><td>40%</td><td></td><td></td></tr>
<tr><td>4</td><td>验收交付</td><td>10%</td><td></td><td></td></tr>
<tr><td>5</td><td>总结拓展</td><td>15%</td><td></td><td></td></tr>
<tr><td>6</td><td>合计</td><td>100%</td><td></td><td></td></tr>
<tr><td colspan="2">本项目合格与否</td><td colspan="2"></td><td>教师签字：</td></tr>
<tr><td colspan="5">请你根据以上打分情况，对本项目当中的工作和学习状态进行总体评述（从素养的自我提升方面、职业能力的提升方面进行评述，分析自己的不足之处，描述对不足之处的改进措施）。</td></tr>
<tr><td colspan="5">教师指导意见：</td></tr>
</table>

# 学习任务二

# 富硒茶中硒元素分析

# 任务书

硒能提高人体免疫，促进淋巴细胞的增殖及抗体和免疫球蛋白的合成。硒对结肠癌、皮肤癌、肝癌、乳腺癌等多种癌症具有明显的抑制和防护的作用，其在机体内的中间代谢产物甲基烯醇具有较强的抗癌活性。富硒茶是指在富硒土壤上生长的茶树新梢的芽、叶、嫩茎经过加工制成的茶叶，含硒量较普通茶叶高。某同学家就购买了某知名品牌的富硒茶，他想请你帮忙测定其中硒含量，判断其品质。请你再对硒的作用、硒的来源、缺硒的危害、硒的摄入量、富硒的常见食品等科普知识进行收集，一并检测报告交予该同学。同时提交一份作业指导书、一份仪器操作规程、一份技术论文。

工作过程中要求原始记录真实、完整；实验数据结果准确可靠，检测方法符合技术要求，《GB/T 5009.93—2003 食品中硒的测定》、《GB/T 21729—2008 茶叶中硒含量的检测方法》，数据依据《DB33 345—2002 富硒稻米》、《DB34T 847—2008 富硒大米》、《GB/T 22499—2008 富硒稻谷》、《DB6124.01—2010 富硒食品硒含量分类标准》、《NY/T 600—2002 富硒茶》进行判断与解释。

## 活动名称及课时分配表（表2-1）

表 2-1 活动名称及课时分配

| 活动序号 | 活动名称 | 课时安排 | 备注 |
|---|---|---|---|
| 1 | 接受任务 | 4 课时 | |
| 2 | 制定方案 | 8 课时 | |
| 3 | 实施检测 | 24 课时 | |
| 4 | 交付验收 | 4 课时 | |
| 5 | 总结与拓展 | 8 课时 | |
| 合计 | | 48 课时 | |

# 活动一　接受任务

**建议学时**：4课时

**学习要求**：通过该活动，我们要明确"富硒茶中硒元素分析"任务的要求，填写委托检验书，填写测试任务单，探究硒元素的营养价值、缺硒的症状、硒元素的来源、形态等问题。具体工作步骤及要求见表2-2。

表2-2　工作步骤及要求

| 序号 | 工作步骤 | 要　求 | 时间/min | 备注 |
| --- | --- | --- | --- | --- |
| 1 | 阅读任务书 | 提取关键词 | 5 | |
| | | 复述任务要素 | 5 | |
| | | 提取任务相应验收要素 | 5 | |
| 2 | 确定检验项目 | 搜索引擎使用 | 5 | |
| | | 根据关键词找到NY/T 600—2002标准 | 5 | |
| | | 根据标准查找硒元素范围值 | 5 | |
| | | 搜索硒元素营养作用 | 10 | |
| | | 搜索缺硒症状 | 10 | |
| | | 搜索硒的药用价值 | 10 | |
| | | 与客户沟通确定检验项目 | 10 | |
| 3 | 确定检验方法 | 搜集相关规范引用性文件 | 10 | |
| | | 找到并下载GB/T 21729—2008 | 10 | |
| | | 找到并下载GB/T 5009.093 | 10 | |
| | | 比较检测标准 | 10 | |
| | | 拓展测定方法 | 10 | |
| | | 与客户沟通确定检验方法 | 10 | |

续表

| 序号 | 工作步骤 | 要　求 | 时间/min | 备注 |
|---|---|---|---|---|
| 4 | 填写委托检验书 | 与客户沟通完整填写委托方信息 | 10 | |
| | | 完整填写检测方信息 | 5 | |
| | | 准确填写样品信息 | 5 | |
| | | 与客户沟通确定检验项目及检测标准方法 | 5 | |
| | | 与客户沟通协商报告交付方式 | 5 | |
| | | 与客户沟通协商检测费用 | 5 | |
| | | 正确交付客户、承检、实验室三方三联单 | 5 | |
| 5 | 活动评价 | | 10 | |

## 一、阅读任务书

**1.** 请阅读任务书，并用“△”标记关键词，同时摘录下来。

**2.** 请描述本次学习任务，在100字内。

**3.** 若要完成本任务，需要提交哪些材料、报告、实物？

## 二、确定检测项目

**4.** 常用的食品标准搜索引擎有哪些？请用搜索引擎搜索《NY/T 600—2002 富硒茶》，并用这一国标文献名保存至个人文件夹。（注：以下问题如有需要，均可使用这些搜索工具寻找答案）

**5.** 通过检索，我们发现硒元素被认为是长寿元素，硒含量高的食品可作为一种营养保健用品。我国对富硒食品设立了大量的国标，对食品中硒含量作了严格规定。请查阅其他富硒食品标准，完成表2-3内容。

表 2-3　富硒食品标准

| 食品名称 | 标准号 | 含量/(μg/kg) | 食品名称 | 标准号 | 含量/(μg/kg) |
|---|---|---|---|---|---|
| 富硒茶叶 | NY/T 600—2002 富硒茶 | 250～4000 | 富硒坚果 | | |
| 富硒大米 | | | 富硒食用油 | | |
| 富硒鸡蛋 | | | 富硒菌 | | |
| 富硒蔬菜 | | | 富硒豆类 | | |

**6.** 请列出硒元素的作用。

**7.** 硒元素缺乏，人体会出现什么症状？

**8.** 富硒茶中除了硒是营养性的元素，还可能存在其他一些营养性元素，甚至可能还有剧毒的元素。标准中是否还有除硒以外的其他元素？请列出这些元素及其作用、浓度范围。

**9.** 单质硒是无毒的，硒搭配五味子可作为保肝护肝药物。但是硒的某些化合物，如 $H_2Se$ 等是有毒的，食物中 5mg/kg 或者饮料中 0.5mg/kg 以上的硒对人体就存在潜在危险。高浓度的硒摄入又可引起中毒，一般使用高酪氨酸解毒，可用叶绿酸或维生素 C 降低排泄物的臭味。

有一个有意思的实验，给小白鼠服用 6～9mg/kg 的 $Na_2SeO_4$ 数天，再喂以 30mg/kg 剂量的乙酸铊，未见异常和死亡。但是对比组没有喂 $Na_2SeO_4$ 的小白鼠，在服用乙酸铊后，就全部死亡了。可见硒有解毒作用。

然而缺乏硒，容易引发克山病。我国大部分区域土壤都缺乏硒，因此可以在食品中添加以增加硒的含量。请列出含硒食品添加剂及其食品中最大添加量。

**10.** 食品中的硒可能来源于植物自身，也可能是通过食品添加剂添加的方式。你是否能通过一定的测试手段进行区分呢？

**11.** 为完成同学的委托，我们需要与他沟通，确定检测项目及其判断标准，完成表 2-4。

表 2-4 检测项目及其判断标准

| 送样时间 | | 样品名称 | | 数　量 |
|---|---|---|---|---|
| 样品形状 | □液体□固体 | 形态描述 | | |
| 检测项目及分析要求 | | | | |
| 联系方式 | | | | |

## 三、确定检测方法

**12.** 请查看《NY/T 600—2002 富硒茶》，其规范性引用文件有哪些？找到并下载所确定元素的标准检验方法，用标准号及标准名称命名保存该文件。

**13.** 请查看《GB/T 5009.093—2003 食品中硒的测定》，标准中规定了哪些测定方法？并比较这些测定方法。

**14.** 请查看《GB/T 21729—2008 茶叶中硒含量的检测方法》，标准中规定了哪些测定方法？此标准与《GB/T 5009.093—2003 食品中硒的测定》有何异同？

**15.** 除了标准使用的方法，您还能是用什么方法进行茶叶中硒元素的含量测定？比较这些方法的优缺点。

**16.** 请与委托人进行沟通，确定检测使用的标准。

## 四、填写委托检验协议书（表 2-5）

**17.** 填写委托检验协议书

**表 2-5 委托检验协议书**

编号：

<table>
<tr><td colspan="4">委托方(甲方)</td><td colspan="4">承检方(乙方)</td></tr>
<tr><td colspan="4">单位名称：</td><td colspan="4">单位名称：</td></tr>
<tr><td colspan="4">通讯地址：<br>邮　　编：</td><td colspan="4">通讯地址：<br>邮　　编：</td></tr>
<tr><td colspan="4">联系人：<br>联系电话：</td><td colspan="4">联系电话：<br>传　　真：<br>e-mail：<br>网　　址：</td></tr>
<tr><td rowspan="4">样品信息</td><td>样品名称</td><td colspan="4"></td><td>商　　标</td><td></td></tr>
<tr><td>生产单位</td><td colspan="4"></td><td>生产日期</td><td></td></tr>
<tr><td>数　　量</td><td></td><td>规格</td><td></td><td>颜色、状态</td><td></td><td>存放要求</td></tr>
<tr><td>备　　注</td><td colspan="6"></td></tr>
<tr><td>委托内容</td><td colspan="4">检验项目：</td><td colspan="3">检验依据：<br>☐ 指定检测依据的标准或其他方法<br>☐ 由本中心选定合适标准<br>☐ 同意用本中心确定的非标准</td></tr>
<tr><td colspan="2">检验方法选择理由</td><td colspan="6"></td></tr>
<tr><td rowspan="3">报告交付</td><td>交付方式</td><td colspan="6">☐自取　☐邮寄　☐特快专递　☐传真　其他：</td></tr>
<tr><td>报告份数</td><td colspan="4">________份　其他：</td><td rowspan="2">样品处理</td><td>☐领回　☐处置</td></tr>
<tr><td>交付日期</td><td colspan="4">年　月　日</td><td>☐监护处理______月</td></tr>
<tr><td rowspan="2">费用</td><td>检验费(元)</td><td colspan="2"></td><td colspan="2">加急费(元)</td><td colspan="2"></td></tr>
<tr><td>预收费(元)</td><td colspan="2"></td><td colspan="2">合　计(元)</td><td colspan="2"></td></tr>
<tr><td colspan="2">备　　注</td><td colspan="6"></td></tr>
<tr><td colspan="4">委托人签字：<br>年　月　日</td><td colspan="4">受理人签字：<br>年　月　日</td></tr>
</table>

1. 本协议甲方“委托人”和乙方“受理人”签字后协议生效；
2. 表中所列样品由甲方提供，甲方对样品资料的真实性负责；
3. 乙方按甲方提出的要求和检验项目进行检验，乙方对检验数据的真实性负责；
4. 乙方对样品有疑问或无法按期完成检验工作时，乙方应及时通知甲方；
5. 甲方要求变更委托内容时，应在检验开始前通知乙方，由双方协商解决，必要时重签协议；
6. 乙方负责按双方商定的方式发送检验报告和处理检后样品；
7. 甲方在领取检验报告时，应出示本协议，以免发生误领。

☐第一联　承检方留存　☐第二联　检测室留存　☐第三联　委托方留存

## 五、 活动评价（表 2-6）

**表 2-6 活动评价**

| 项次 | 项目要求 | | 配分 | 评分细则 | 自评得分 | 小组评价 | 教师评价 |
|---|---|---|---|---|---|---|---|
| 素养（20分） | 纪律情况（5分） | 按时到岗，不早退 | 2分 | 违反规定，每次扣2分 | | | |
| | | 积极思考回答问题 | 2分 | 根据上课统计情况得1～2分 | | | |
| | | 四有一无（有本、笔、书、工作服，无手机） | 1分 | 违反规定每项扣1分 | | | |
| | | 执行教师命令 | 0分 | 此为否定项，违规酌情扣10～100分，违反校规按校规处理。 | | | |
| | 职业道德（10分） | 主动与他人合作 | 4分 | 主动合作得4分<br>被动合作得2分<br>不合作得0分 | | | |
| | | 主动帮助同学 | 3分 | 能主动帮助同学得3分<br>被动得1分 | | | |
| | | 严谨、追求完美 | 3分 | 对工作精益求精且效果明显得3分<br>对工作认真得1分<br>其余不得分 | | | |
| | 5S（5分） | 桌面、地面整洁 | 3分 | 自己的工位桌面、地面整洁无杂物，得3分<br>不合格不得分 | | | |
| | | 物品定置管理 | 2分 | 按定置要求放置得2分<br>其余不得分 | | | |
| 核心能力（60分） | 阅读任务书（5分） | 关键词提取 | 1分 | 能提取检索关键词得1分 | | | |
| | | 复述任务要素 | 2分 | 能在100字复述要素得2分 | | | |
| | | 验收材料 | 2分 | 能提取任务验收所需材料得2分 | | | |
| | 填写委托检验书（55分） | 搜索引擎使用 | 2分 | 知道百度等搜索工具得2分 | | | |
| | | 根据关键词找到NY/T 600—2002富硒茶 | 3分 | 正确下载并保存得3分 | | | |
| | | 根据标准查找富硒元素范围 | 3分 | 富硒元素范围填写完整得3分<br>其余酌情扣分 | | | |
| | | 搜索硒元素营养作用 | 2分 | 会用“硒元素营养”检索得2分 | | | |
| | | 搜索缺硒症状 | 2分 | 会用“缺硒症状”检索得2分 | | | |
| | | 搜索硒的药用价值 | 2分 | 会用“硒”“药用价值”检索得2分 | | | |
| | | 搜索硒的价态 | 4分 | 会用“硒”“价态”检索得4分 | | | |
| | | 富硒产品的元素及限值、范围 | 4分 | 总结富硒产品的元素及限值、范围得4分 | | | |
| | | 与客户沟通确定检验项目 | 5分 | 能正确用语与委托方确定检验项目得5分 | | | |
| | | 搜集相关规范引用性文件 | 2分 | 能找到规范引用文件得2分 | | | |
| | | 找到并下载GB/T 21729—2008 | 2分 | 正确下载并保存得2分 | | | |
| | | 找到并下载GB/T 5009.093 | 3分 | 正确下载并保存得3分 | | | |

续表

<table>
<tr><th>项次</th><th colspan="2">项目要求</th><th>配分</th><th>评分细则</th><th>自评得分</th><th>小组评价</th><th>教师评价</th></tr>
<tr><td rowspan="4">核心能力（60分）</td><td rowspan="4">填写委托检验书（55分）</td><td>比较检测标准</td><td>3分</td><td>2个检测标准比对得3分</td><td></td><td></td><td></td></tr>
<tr><td>拓展测定方法</td><td>6分</td><td>能提出国标未提出的测定方法得6分</td><td></td><td></td><td></td></tr>
<tr><td>确定检验方法</td><td>5分</td><td>与客户沟通确定检验方法得5分</td><td></td><td></td><td></td></tr>
<tr><td>填写委托书内容</td><td>7分</td><td>在20min内完成委托书内容得7分，每超过1min扣1分，最长不超过5min</td><td></td><td></td><td></td></tr>
<tr><td rowspan="4">工作页完成情况（20分）</td><td rowspan="4"></td><td>及时提交</td><td>5分</td><td>按时提交得5分，迟交不得分</td><td></td><td></td><td rowspan="4"></td></tr>
<tr><td>内容完成程度</td><td>5分</td><td>按完成情况分别得1～5分</td><td></td><td></td></tr>
<tr><td>回答准确率</td><td>5分</td><td>视准确率情况分别得1～5分</td><td></td><td></td></tr>
<tr><td>有独到的见解</td><td>5分</td><td>视见解程度分别得1～5分</td><td></td><td></td></tr>
<tr><td colspan="5">总分</td><td></td><td></td><td></td></tr>
<tr><td colspan="8">加权平均（自评20%，小组评价30%，教师评价50%）</td></tr>
<tr><td colspan="2">教师评价签字：</td><td colspan="2"></td><td colspan="2">组长签字：</td><td colspan="2"></td></tr>
<tr><td colspan="8">请你根据以上打分情况，对本活动当中的工作和学习状态进行总体评述（从素养的自我提升方面、职业能力的提升方面进行评述，分析自己的不足之处，描述对不足之处的改进措施）。</td></tr>
</table>

# 活动二　制定方案

**建议学时**：8 课时

**学习要求**：通过该活动，我们学习了原子光谱相关的基础知识，包括编制检测工作流程、编制设备工具材料清单、编写工作方案等内容，同时参考《GB/T 5009.93—2003 食品中硒的测定》标准。具体工作步骤及要求见表 2-7。

表 2-7　工作步骤及要求

| 序号 | 工作步骤 | 要求 | 时间/min | 备注 |
|---|---|---|---|---|
| 1 | 编制检测流程表 | 具有安全手册编写环节 | 15 | |
| | | 具有仪器操作练习环节 | 15 | |
| | | 具有准备仪器试剂环节 | 15 | |
| | | 具备条件优化环节 | 15 | |
| | | 具备样品采集及前处理环节 | 15 | |
| | | 具备样品分析测试环节 | 15 | |
| | | 具备数据处理和原始数据记录环节 | 15 | |
| | | 具备报告环节 | 15 | |
| 2 | 编写设备工具材料清单 | 能完整编写主要仪器清单 | 10 | |
| | | 能完整编写辅助仪器清单 | 15 | |
| | | 能完整编写玻璃仪器清单 | 15 | |
| | | 能完整编写化学试剂清单 | 15 | |
| | | 能完整编写标准物质清单 | 15 | |

续表

| 序号 | 工作步骤 | 要求 | 时间/min | 备注 |
|---|---|---|---|---|
| 3 | 编写工作方案 | 根据检验项目和方法编制工作目标 | 10 | |
| | | 根据检测流程编制工作流程 | 10 | |
| | | 各工作流程人员分工合理 | 25 | |
| | | 各工作流程时间分配合理 | 25 | |
| | | 各工作流程要求分配合理 | 45 | |
| | | 具备工作过程的整体质量意识 | 45 | |
| 4 | 活动评价 | | 10 | |

## 一、编制检测流程表

1. 请回顾化学分析检测的实验过程，整个实验过程大致可以分为哪几个步骤？

2. 如果经委托方协商确定使用AFS法进行硒元素的测定，由于硒元素能与盐酸等形成挥发性的化合物，因此只能采用封闭体系方法。请根据上述要求，绘制茶叶中硒元素分析流程图。

3. 如果经委托方协商确定使用AFS法进行茶叶中硒元素分析，而这是你第一次使用该仪器，那你该如何准备操作？

4. 请编制本项目的检测流程表（表2-8）。

表2-8 检测流程表

| 序号 | 工作流程 | 主要工作内容 | 评价标准 | 花费时间/h |
| --- | --- | --- | --- | --- |
| 1 | | | | |
| 2 | | | | |
| 3 | | | | |
| 4 | | | | |
| 5 | | | | |
| 6 | | | | |
| 7 | | | | |
| 8 | | | | |

## 二、编制设备工具材料清单

**5.** 请《GB/T 5009.93—2003 食品中硒的测定》“第一法 氢化物原子荧光光谱法”，编制本项目的检测用仪器清单，同时核查本实验室仪器厂家、型号、作用（表 2-9）。

**表 2-9 检测用仪器清单**

| 序号 | 名称 | 厂家 | 型号 | 作用 |
| --- | --- | --- | --- | --- |
| 1 | | | | |
| 2 | | | | |
| | | | | |
| | | | | |

**6.** 请《GB/T 5009.093—2003 食品中硒的测定》“第一法 氢化物原子荧光光谱法”，编制本项目的检测用辅助仪器清单，同时核查本实验室仪器厂家、型号、作用（表 2-10）。

**表 2-10 检测用辅助仪器清单**

| 序号 | 名称 | 厂家 | 型号 | 作用 |
| --- | --- | --- | --- | --- |
| 1 | | | | |
| 2 | | | | |
| | | | | |
| | | | | |

**7.** 请《GB/T 5009.93—2003 食品中硒的测定》“第一法 氢化物原子荧光光谱法”，编制本项目的玻璃仪器清单（表 2-11）。

**表 2-11 玻璃仪器清单**

| 序号 | 名称 | 规格 |
| --- | --- | --- |
| 1 | | |
| 2 | | |
| 3 | | |
| 4 | | |
| 5 | | |
| | | |
| | | |
| | | |
| | | |
| | | |

**8.** 请《GB/T 5009.93—2003 食品中硒的测定》“第一法 氢化物原子荧光光谱法”，编制本项目的化学试剂清单（表 2-12）。

表 2-12　化学试剂清单

| 序号 | 名　称 | 级　别 | 包　装 | 试剂生产厂商 |
|---|---|---|---|---|
| 1 | | | | |
| 2 | | | | |
| 3 | | | | |
| 4 | | | | |
| | | | | |
| | | | | |
| | | | | |

**9.** 请《GB/T 5009.93—2003 食品中硒的测定》“第一法 氢化物原子荧光光谱法”，编制本项目的标准物质清单（表 2-13）。

表 2-13　标准物质清单

| 序号 | 名　称 | 级　别 | 包　装 | 试剂生产厂商 |
|---|---|---|---|---|
| 1 | | | | |
| 2 | | | | |
| 3 | | | | |
| | | | | |

## 三、编写工作方案

**10.** 请编写本任务的工作方案（表 2-14）

表 2-14　工作方案

| 一、项目名称 | | | | | |
|---|---|---|---|---|---|
| | | | | | |
| 二、工作目标 | | | | | |
| | | | | | |
| 三、工作安排及要求（包括工作流程、设备辅具、人员分工、时间及工作要求） | | | | | |
| 序号 | 工作流程 | 人员分工 | 时间 | 工作要求 | 备　注 |
| | | | | | |
| | | | | | |
| | | | | | |

续表

| 序号 | 工作流程 | 人员分工 | 时间 | 工作要求 | 备注 |
| --- | --- | --- | --- | --- | --- |
| | | | | | |
| | | | | | |
| | | | | | |
| | | | | | |
| 四、安全注意事项(完成本项目的安全注意事项) | | | | | |
| | | | | | |
| 五、验收标准(项目合格验收的标准) | | | | | |
| | | | | | |

## 四、活动评价（表 2-15）

**表 2-15 活动评价**

| 项次 | 项目要求 | | 配分 | 评分细则 | 自评分数 | 小组评分 | 教师评分 |
| --- | --- | --- | --- | --- | --- | --- | --- |
| 素养(20分) | 纪律情况(5分) | 按时到岗,不早退 | 2分 | 违反规定,每次扣2分 | | | |
| | | 积极思考回答问题 | 2分 | 根据上课统计情况得1～2分 | | | |
| | | 四有一无(有本、笔、书、工作服,无手机) | 1分 | 违反规定每项扣1分 | | | |
| | | 执行教师命令 | 0分 | 此为否定项,违规酌情扣10～100分,违反校规按校规处理 | | | |
| | 职业道德(10分) | 主动与他人合作 | 4分 | 主动合作得4分<br>被动合作得2分<br>不合作得0分 | | | |
| | | 主动帮助同学 | 3分 | 能主动帮助同学得3分<br>被动得1分 | | | |
| | | 严谨、追求完美 | 3分 | 对工作精益求精且效果明显得3分<br>对工作认真得1分<br>其余不得分 | | | |
| | 5S(5分) | 桌面、地面整洁 | 3分 | 自己的工位桌面、地面整洁无杂物,得3分<br>不合格不得分 | | | |
| | | 物品定置管理 | 2分 | 按定置要求放置得2分<br>其余不得分 | | | |

续表

| 项次 | 项目要求 | | 配分 | 评分细则 | 自评分数 | 小组评分 | 教师评分 |
|---|---|---|---|---|---|---|---|
| 核心能力（60分） | 时间（5分） | 填写方案时间 | 5分 | 90分钟内完成得5分<br>每超时5分钟扣1分 | | | |
| | 编写工作方案（55分） | 工作目标 | 2分 | 根据检验项目和方法编制工作目标得2分 | | | |
| | | 工作流程 | 16分 | 工作流程包括“编写安全手册、仪器操作练习、准备试剂、条件优化、样品采集及前处理、样品分析、数据处理记录、报告”8个环节，不缺项得16分<br>缺一项扣2分 | | | |
| | | 仪器设备试剂 | 10分 | 仪器、设备、试剂根据标准填写完整得10分<br>缺一项扣1分 | | | |
| | | 人员分工 | 5分 | 人员安排合理，分工明确得5分<br>组织不适一项扣1分 | | | |
| | | 工作时间 | 5分 | 工作时间完整、合理，不缺项得5分<br>缺一项扣1分 | | | |
| | | 工作要求 | 8分 | 完整正确，有成果，可评测工作得8分<br>错项漏项一项扣1分 | | | |
| | | 安全注意事项（5分） | 5分 | 具备仪器设备安全操作手册得3分<br>具备试剂安全使用指南得2分 | | | |
| | | 验收标准（4分） | 4分 | 验收标准正确、完整得4分<br>错、漏一项扣1分 | | | |
| 工作页完成情况（20分） | 按时完成工作页（20分） | 及时提交 | 5分 | 按时提交得5分，迟交不得分 | | | |
| | | 内容完成程度 | 5分 | 按完成情况分别得1～5分 | | | |
| | | 回答准确率 | 5分 | 视准确率情况分别得1～5分 | | | |
| | | 有独到的见解 | 5分 | 视见解程度分别得1～5分 | | | |
| 总分 | | | | | | | |
| 加权平均（自评20%，小组评价30%，教师评价50%） | | | | | | | |
| 教师评价签字： | | | | 组长签字： | | | |

请你根据以上打分情况，对本活动当中的工作和学习状态进行总体评述（从素养的自我提升方面、职业能力的提升方面进行评述，分析自己的不足之处，描述对不足之处的改进措施）。

# 活动三 实施分析

**建议学时**：24 课时

**学习要求**：该活动主要包括编写安全手册、练习仪器开关机、编写仪器操作规程、实验条件优化、样品采集及前处理、样品分析测试、填写原始数据记录表格等内容。具体工作步骤及要求见表 2-16。

**表 2-16 工作步骤及要求**

| 序号 | 工作步骤 | 要求 | 时间/min | 备注 |
| --- | --- | --- | --- | --- |
| 1 | 编写安全手册 | 对比原子荧光光谱的安全操作相同点 | 15 | |
| | | 熟悉常见危化品、仪器设备安全知识 | 20 | |
| | | 正确编写本项目安全手册表 | 45 | |
| 2 | 练习仪器开关机操作 | 正确描述 AFS 各主要部件 | 30 | |
| | | 能分辨常用的氢化物发生器 | 20 | |
| | | 能分辨常用的气液分离器 | 20 | |
| | | 能绘制原子化器结构图 | 20 | |
| | | 能调节原子化炉的高度 | 20 | |
| | | 能调节灯位置 | 20 | |
| | | 能描述氢化物发生顺序注射过程 | 20 | |
| | | 能区分单注射与双注射的差异 | 20 | |
| | | 能绘制气液分离器的工作原理图 | 20 | |
| | | 能编辑仪器分析方法 | 20 | |
| 3 | 准备相关试剂及溶液 | 溶液浓度计算，不同浓度单位的转换 | 30 | |
| | | 能根据元素标准溶液的正确配制 | 30 | |
| | | 能建立标准溶液相关的 Excel 表格 | 20 | |

续表

| 序号 | 工作步骤 | 要求 | 时间/min | 备注 |
|---|---|---|---|---|
| 4 | 实验条件优化 | 能完整填写 AFS 各分析参数 | 20 | |
| | | 优化碱液浓度 | 30 | |
| | | 优化酸浓度 | 30 | |
| | | 优化负高压 | 30 | |
| | | 优化灯电流 | 30 | |
| | | 优化原子化温度 | 30 | |
| | | 优化原子化炉的高度 | 30 | |
| | | 优化载气和屏蔽气的速度 | 30 | |
| | | 建立元素标准曲线 | 30 | |
| 5 | 样品采集及前处理 | 样品代表性采集方案 | 30 | |
| | | 能正确使用目筛 | 30 | |
| | | 能微波消解茶叶 | 180 | |
| | | 能对比原子荧光的前处理方法优缺点 | 20 | |
| 6 | 样品分析测试 | 设计样品加标实验评估回收率 | 25 | |
| | | 记录样品处理过程及仪器分析条件 | 20 | |
| | | 比对普通茶叶和富硒茶叶硒元素差异 | 25 | |
| 7 | 填写原始数据记录表格 | 能正确进行光谱检查 | 45 | |
| | | 能正确设计并填写原始数据表 | 45 | |
| 8 | 活动评价 | | 30 | |

## 一、编写安全手册

**1.** 本项目所选方法为原子荧光光谱法，原子荧光光谱法有哪几种？常见的共同安全问题又有哪些？

**2.** 在本次实验中我们用到了哪些危险化学品？简要说出其危害。

**3.** 原子荧光光谱用到的强还原剂是硼氢化物，它在使用过程中会释放氢气，该如何正确安全处理？

**4.** AFS仪器放出大量的挥发性剧毒化合物，因此需要强力主动排风装置。请问应如何设计这一系统。

**5.** 本实验任务可能遇到危险化学品、高温、高压、爆炸等安全问题，请编辑安全手册表（表2-17），方便今后实验使用。

表 2-17 安全手册表

| | 错误 | 正确 | 应急处理 |
|---|---|---|---|
| 化学品 | | | |
| 高温 | | | |
| 高压 | | | |
| 爆炸 | | | |
| 剧毒 | | | |
| | | | |

## 二、练习仪器开关机操作

**6.** 本次实验我们使用 AFS 仪器进行硒元素分析，请完成表 2-18。

表 2-18 AFS 仪器

| 英文缩写 | 英文全称 | 中文全称 |
|---|---|---|
| | | |

**7.** 请参考实验室的原子荧光光谱仪，画出设备结构图。

**8.** 根据原子荧光光谱仪的结构，请描述原子荧光光谱仪的工作原理。

**9.** 请画出氢化物发生器的结构。

**10.** 请写出氢化物发生器生成挥发性硒的方程式。

**11.** 常用的元素灯有空心阴极灯和无极放电灯，图 2-1 是空心阴极灯的结构，请写出图示各部件的名称（表 2-19）。

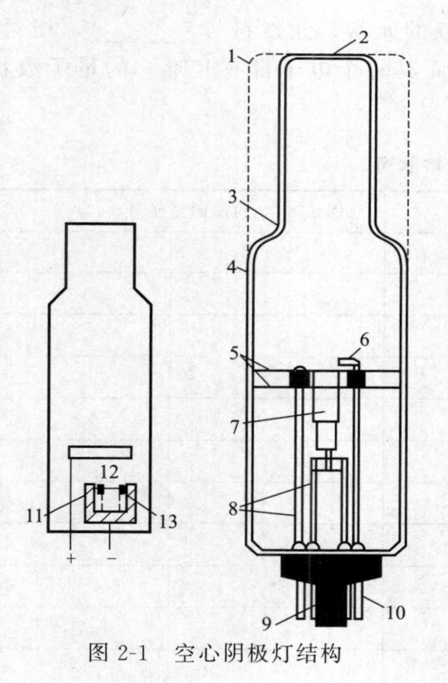


图 2-1　空心阴极灯结构

**表 2-19　各部件名称**

| 序　　号 | 名　　称 |
| --- | --- |
| 1 | |
| 2 | |
| 3 | |
| 4 | |
| 5 | |
| 6 | |
| 7 | |
| 8 | |
| 9 | |
| 10 | |
| 11 | |
| 12 | |
| 13 | |

**12.** 画出原子化炉的结构。

**13.** 原子光谱通常使用光电倍增管作为检测器，请根据图 2-2 描述其工作原理。

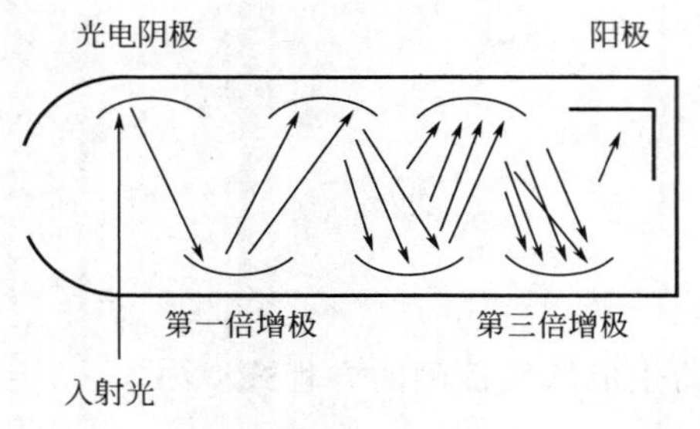


图 2-2　光电倍增管

## 三、准备相关试剂及溶液

**14.** 硒元素属于第________周期，第________族的元素，元素符号________，相对原子质量为________，其最外层具有________个电子，而其每个电子都有其唯一的量子数状态，请完成表 2-20。

**表 2-20　电子量子数状态**

| 主量子数($n$) | 角量子数($l$) | 磁量子数($m$) | 自旋磁量子数($m_s$) | |
|---|---|---|---|---|
| | | | | |
| | | | | |
| | | | | |
| | | | | |
| | | | | |
| | | | | |
| | | | | |
| | | | | |
| | | | | |
| | | | | |
| | | | | |
| | | | | |
| | | | | |
| | | | | |
| 4 | 0 | 0 | −1/2 | +1/2 |
| | 1 | −1 | −1/2 | +1/2 |
| | | 0 | −1/2 | |
| | | +1 | −1/2 | |

**15.** 硒元素存在多种化合价，请写出下列化合物中硒的化合价（表 2-21）。

**表 2-21　硒化合价**

| $SeO_2$ | $Se$ | $Na_2SeO_4$ | $H_2SeO_4$ | $Na_2SeO_3$ |
|---|---|---|---|---|
| | | | | |

| $H_2Se$ | $SeS_2$ | $Al_2Se_3$ | $H_2SeO_4$ | $SeF_6$ |
|---|---|---|---|---|
| | | | | |

**16.** 标准储备液配制的计算

（1）称取 0.1405g 二氧化硒（$SeO_2$，光谱纯）溶于少量水中，移入 100mL 容量瓶中，用盐酸溶液（0.1mol/L）稀释至刻度，摇匀。试计算该溶液的硒元素含量（μg/L）。已知 $M(SeO_2)=110.96$g/mol；$M(Se)=78.96$g/mol。

（2）现欲配制浓度为 1.000g/L 的硒元素标准储备液 100mL，问应称取多少克 $Na_2SeO_4$（光谱纯）溶于 100mL 容量瓶中。已知 $M(Na_2SeO_4)=188.96$g/mol；$M(Se)=78.96$g/mol。

（3）现欲配制浓度为 1.000g 的钠元素和钾元素标准储备液 100mL，问应分别称取多少克 NaCl 和 KCl 溶于 100mL 容量瓶中？

17. 载流液可以使用哪些酸呢？

18. 还原剂还可以使用哪些碱呢？

## 四、实验条件及优化

19. 在硼氢化钾还原剂中常添加氢氧化钾或氢氧化钠等碱，以增加其稳定性。请设计试验，探究碱液浓度和稳定性关系，探究碱液浓度和信号强度关系，调节最佳的碱液浓度。

20. 载流液一方面可以保证金属离子不水解而稳定存在，另一方面提供气化反应的酸性条件。请设计载流液的酸浓度优化试验，可满足上述两个条件。

21. 请设计负高压参数优化实验。

22. 请设计灯电流参数优化实验。

23. 请设计原子化温度参数优化实验。

24. 请设计原子化炉的高度优化实验。

25. 请设计载气的速度优化实验。

26. 请设计屏蔽气的速度优化实验。

**27.** 请根据硒标准溶液，使用最优化的条件，列出 AFS 的标准曲线方程、线性回归系数、检出限等。

## 五、样品采集及前处理

**28.** 样品是直接取一些茶叶分析吗？该如何采集样品才能保证样品的均匀性、代表性？请详细查阅《GB/T 8303—2002 茶磨碎试样的制备及其干物质含量测定》标准。

**29.** 富硒食品一般都是固体，需要通过一系列前处理，转化成为溶液，便于原子荧光仪器分析。请列出原子荧光法的常用前处理方法，并比较其优劣点。

## 六、样品分析测试

**30.** 请设计样品加标实验，评价本次实验的回收率。

**31.** 请完成富硒茶中硒元素分析实验，并记录样品处理过程及仪器分析条件。

**32.** 请你从家中带 1～2 种茶叶并与富硒茶叶进行比对，记录前处理过程、仪器分析条件及元素测定结果。

## 七、填写原始数据记录表

**33.** 请完成系统适用性数据记录表（表 2-22），判断实验系统是否能够提供科学合理、有效准确的数据。

**表 2-22　系统适用性数据记录表**

| 序　号 | 评价参数 | 评价方法 | 评价标准 | 实际测定值 | 是否通过 |
|---|---|---|---|---|---|
| 1 | 准确度 | | | | |
| 2 | 重复性 | | | | |
| 3 | 中间精密度 | | | | |
| 4 | 重现性 | | | | |
| 5 | 专属性 | | | | |
| 6 | 检测限 | | | | |
| 7 | 定量限 | | | | |

续表

| 序　　号 | 评 价 参 数 | 评 价 方 法 | 评 价 标 准 | 实际测定值 | 是 否 通 过 |
|---|---|---|---|---|---|
| 8 | 线性 | | | | |
| 9 | 范围 | | | | |
| 10 | 耐用性 | | | | |

**34.** 请参考原始数据记录表格，设计并完成本实验的原始数据表格（表 2-23）。

**表 2-23　凯氏定氮原始数据记录表**

| 样品数量 | | 实验环境 | 温度　　℃　　湿度　　% |
|---|---|---|---|
| 检验项目 | | 检验日期 | |
| 检验依据 | | 样品状态 | □液态　□固态　□其他 |
| 前处理方法 | | | |
| 仪器设备 | | | |
| 仪器条件 | | | |
| 1. 定量方法见附图，共　　页 | | 2.“√”为确认符 | |
| 计算公式：□ | | | |
| | | | |
| | | | |
| | | | |
| | | | |
| | | | |
| | | | |
| | | | |
| | | | |

| 加标回收 | 加标物 | 加标量(　) | 本底值(　) | 测定值(　) | 回收率/% |
|---|---|---|---|---|---|
| | | | | | |
| | | | | | |

| 样品编号 | 样品名称 | 检测项目 | 称样量 $m$(　) | 体积 $V$/mL | 测定值(　) | 测定结果(　) | 平均值(　) |
|---|---|---|---|---|---|---|---|
| | | | | | | | |
| | | | | | | | |
| | | | | | | | |
| 备注： | | | | | | | |

检验员：　　　　　　审核人：　　　　　　第　　页 共　　页

## 八、活动评价（表 2-24、表 2-25）

表 2-24　活动评价 1

| 富硒茶中硒元素分析工作流程教师考核表 | | | | | |
|---|---|---|---|---|---|
| 第一阶段：安全手册(9 分) | | 正确 | 错误 | 分值 | 得分 |
| 1 | 正确编写仪器组成 | | | 3 分 | |
| 2 | 正确编辑关键操作步骤 | | | 3 分 | |
| 3 | 正确编写注意事项 | | | 3 分 | |
| | | | | | |
| 第二阶段：练习仪器开关机操作(27 分) | | 正确 | 错误 | 分值 | 得分 |
| 4 | 正确描述 AFS 各主要部件 | | | 2 分 | |
| 5 | 能分辨常用的氢化物发生器 | | | 2 分 | |
| 6 | 能分辨常用的气液分离器 | | | 2 分 | |
| 7 | 能绘制原子化器结构图 | | | 2 分 | |
| 8 | 能调节原子化炉的高度 | | | 2 分 | |
| 9 | 能调节灯位置 | | | 2 分 | |
| 10 | 能描述氢化物发生顺序注射过程 | | | 2 分 | |
| 11 | 能区分单注射与双注射的差异 | | | 2 分 | |
| 12 | 能绘制气液分离器的工作原理图 | | | 2 分 | |
| 13 | 能编辑仪器分析方法 | | | 3 分 | |
| 14 | 正确进行仪器开机 | | | 3 分 | |
| 15 | 了解数据处理工具 | | | 3 分 | |
| 第三阶段：准备相关试剂及溶液(7 分) | | 正确 | 错误 | 分值 | 得分 |
| 16 | 溶液浓度计算，不同浓度单位的转换 | | | 2 分 | |
| 17 | 能根据元素标准溶液的正确配制 | | | 2 分 | |
| 18 | 能建立标准溶液相关的 Excel 表格 | | | 3 分 | |
| 第四阶段：实验条件优化(26 分) | | 正确 | 错误 | 分值 | 得分 |
| 19 | 优化负高压 | | | 3 分 | |
| 20 | 优化灯电流 | | | 3 分 | |
| 21 | 优化原子化温度 | | | 3 分 | |
| 22 | 优化原子化炉的高度 | | | 3 分 | |
| 23 | 优化载气和屏蔽气的速度 | | | 3 分 | |
| 24 | 建立元素标准曲线 | | | 3 分 | |
| 25 | 能完整填写 AFS 各分析参数 | | | 2 分 | |
| 26 | 优化碱液浓度 | | | 3 分 | |
| 27 | 优化酸浓度 | | | 3 分 | |

续表

| 第五阶段:样品采集及前处理(17分) | | 正确 | 错误 | 分值 | 得分 |
|---|---|---|---|---|---|
| 28 | 样品代表性采集方案 | | | 4分 | |
| 29 | 能正确使用目筛 | | | 4分 | |
| 30 | 能微波消解茶叶 | | | 5分 | |
| 31 | 能对比原子荧光的前处理方法优缺点 | | | 4分 | |
| 第六阶段:样品分析测试(10分) | | 正确 | 错误 | 分值 | 得分 |
| 32 | 设计样品加标实验评估回收率 | | | 6分 | |
| 33 | 记录样品处理过程及仪器分析条件 | | | 2分 | |
| 34 | 对比普通茶叶和富硒茶叶硒元素差异 | | | 2分 | |
| 第七阶段:填写原始数据记录表(4分) | | 正确 | 错误 | 分值 | 得分 |
| 35 | 能正确进行光谱检查 | | | 2分 | |
| 36 | 能正确设计并填写原始数据表 | | | 2分 | |
| 水质异味排查工作流程考核总计 | | | | 100分 | |

| 综合评价项目 | | 详细说明 | 分值 | 扣分 |
|---|---|---|---|---|
| 1 | 基本操作规范性 | 动作规范准确,不扣分 | | |
| | | 动作比较规范,扣1～2分 | | |
| | | 动作较生硬,有较多失误扣3分 | | |
| 2 | 熟练程度 | 操作非常熟练,不扣分 | | |
| | | 操作较熟练,扣1～2分 | | |
| | | 操作生疏,扣3～5分 | | |
| 3 | 分析检测用时 | 各分项按要求时间内完,不扣分 | | |
| | | 各分项未按要求时间内完成,扣1～2分 | | |
| 4 | 实验室5S | 实验台符合5S,不扣分 | | |
| | | 实验台不符合5S,扣1～2分 | | |
| 5 | 礼貌 | 对待考官礼貌,不扣分 | | |
| | | 欠缺礼貌1分,扣1～2分 | | |
| 6 | 工作过程安全性 | 非常注意安全,不扣分 | | |
| | | 有事故隐患,扣1～4分 | | |
| | | 发生事故,扣5分 | | |
| 注:综合评价项目以扣分计,可按分项重复扣分,直至扣到零分为止! | | | | |
| 总成绩分值合计 | | | 100分 | |

**表 2-25　活动评价 2**

<table>
<tr><th>项次</th><th colspan="2">项目要求</th><th>配分</th><th>评分细则</th><th>自评分数</th><th>小组评分</th><th>教师评分</th></tr>
<tr><td rowspan="10">素养<br>(20 分)</td><td rowspan="4">纪律<br>情况<br>(5 分)</td><td>按时到岗,不早退</td><td>2 分</td><td>违反规定,每次扣 2 分</td><td></td><td></td><td rowspan="10"></td></tr>
<tr><td>积极思考回答问题</td><td>2 分</td><td>根据上课统计情况得 1～2 分</td><td></td><td></td></tr>
<tr><td>四有一无(有本、笔、书、工作服,无手机)</td><td>1 分</td><td>违反规定每项扣 1 分</td><td></td><td></td></tr>
<tr><td>执行教师命令</td><td>0 分</td><td>此为否定项,违规酌情扣 10～100 分,违反校规按校规处理</td><td></td><td></td></tr>
<tr><td rowspan="3">职业<br>道德<br>(10 分)</td><td>主动与他人合作</td><td>4 分</td><td>主动合作得 4 分<br>被动合作得 2 分<br>不合作得 0 分</td><td></td><td></td></tr>
<tr><td>主动帮助同学</td><td>3 分</td><td>能主动帮助同学得 3 分<br>被动得 1 分</td><td></td><td></td></tr>
<tr><td>严谨、追求完美</td><td>3 分</td><td>对工作精益求精且效果明显得 3 分<br>对工作认真得 1 分<br>其余不得分</td><td></td><td></td></tr>
<tr><td rowspan="2">5S(5 分)</td><td>桌面、地面整洁</td><td>3 分</td><td>自己的工位桌面、地面整洁无杂物,得 3 分<br>不合格不得分</td><td></td><td></td></tr>
<tr><td>物品定置管理</td><td>2 分</td><td>按定置要求放置得 2 分<br>其余不得分</td><td></td><td></td></tr>
<tr><td>核心<br>能力<br>(60 分)</td><td colspan="7">教师考核表________×0.60=________</td></tr>
<tr><td rowspan="4">工作页<br>完成<br>情况<br>(20 分)</td><td rowspan="4">按时<br>完成<br>工作页<br>(20 分)</td><td>及时提交</td><td>5 分</td><td>按时提交得 5 分,迟交不得分</td><td></td><td></td><td></td></tr>
<tr><td>内容完成程度</td><td>5 分</td><td>按完成情况分别得 1～5 分</td><td></td><td></td><td></td></tr>
<tr><td>回答准确率</td><td>5 分</td><td>视准确率情况分别得 1～5 分</td><td></td><td></td><td></td></tr>
<tr><td>有独到的见解</td><td>5 分</td><td>视见解程度分别得 1～5 分</td><td></td><td></td><td></td></tr>
<tr><td colspan="5" align="right">总分</td><td></td><td></td><td></td></tr>
<tr><td colspan="5" align="right">加权平均(自评 20%,小组评价 30%,教师评价 50%)</td><td colspan="3"></td></tr>
<tr><td colspan="4">教师评价签字:</td><td colspan="4">组长签字:</td></tr>
<tr><td colspan="8">1. 请你根据以上打分情况,对本活动当中的工作和学习状态进行总体评述(从素养的自我提升方面、职业能力的提升方面进行评述,分析自己的不足之处,描述对不足之处的改进措施)。</td></tr>
<tr><td colspan="8">2. 教师指导意见:</td></tr>
</table>

# 活动四　交付验收

**建议学时**：4课时

**学习要求**：该活动主要包括数据校验与质量保证、出具检测报告、编制作业指导书、编制仪器操作规程。具体工作步骤及要求见表2-26。

表2-26　工作步骤及要求

| 序号 | 工作步骤 | 要求 | 时间/min | 备注 |
|---|---|---|---|---|
| 1 | 数据校验与质量保证 | 能区分质量标准与检测方法标准 | 10 | |
| | | 掌握重现性评价方法 | 10 | |
| | | 掌握准确性评价方法 | 10 | |
| | | 掌握检出限评价方法 | 10 | |
| | | 掌握线性范围评价方法 | 10 | |
| 2 | 出具检测报告 | 正确填写报告 | 30 | |
| 3 | 编制作业指导书 | 编写富硒茶硒元素分析作业指导书 | 45 | |
| 4 | 编制仪器操作规程 | 编写AFS仪器操作规程 | 45 | |
| 5 | 活动评价 | | 10 | |

## 一、数据校验与质量保证

**1.** 本次实验中，我们出现了哪些问题？哪些还未解决，哪些解决了？请针对问题，分析问题原因，提出可行的解决方案（表 2-27）。

**表 2-27 问题原因及解决方案**

| 序号 | 问题 | 原因 | 解决方案 |
| --- | --- | --- | --- |
| 1 | | | |
| 2 | | | |
| 3 | | | |
| 4 | | | |
| 5 | | | |
| 6 | | | |
| 7 | | | |
| 8 | | | |

**2.** 本次实验过程中，我们参考哪些标准？哪些是质量限值标准？哪些是检测方法标准？

3. 检测标准中规定的检测重现性如何评估？

4. 检测标准中规定的检测准确性如何评估？

5. 检测标准中检出限如何评估？

6. 检测标准中线性范围如何评估？

## 二、出具检测报告（表 2-28、表 2-29）

表 2-28 北京市工业技师学院理化分析测试实验中心
检测报告

<table>
<tr><td rowspan="2">产品名称</td><td rowspan="2"></td><td>型号规格</td><td></td></tr>
<tr><td>商标</td><td></td></tr>
<tr><td>受检单位</td><td></td><td>检验类别</td><td></td></tr>
<tr><td>生产单位</td><td></td><td>样品等级</td><td></td></tr>
<tr><td>抽样地点</td><td></td><td>送样日期</td><td></td></tr>
<tr><td>样品数量</td><td></td><td>送样者</td><td></td></tr>
<tr><td>样品编号</td><td></td><td>原编号或生产日期</td><td></td></tr>
<tr><td>检测依据</td><td colspan="3"></td></tr>
<tr><td>检测项目</td><td colspan="3"></td></tr>
<tr><td>检测结论</td><td colspan="3"></td></tr>
<tr><td>备注</td><td colspan="3"></td></tr>
</table>

| 批准 | | 审核 | | 主检 | |
|---|---|---|---|---|---|

表 2-29 北京市工业技师学院化学分析测试实验中心

检测报告

| 水样名称 | | | 取样日期 | | |
|---|---|---|---|---|---|
| 水样编号 | | | 送样日期 | | |
| 取样地点 | | | 检测日期 | | |
| 样品登记编号 | | | 报告日期 | | |

| 序号 | 项　目 | 检测限/(mg/L) | 实际含量/(mg/L) | | |
|---|---|---|---|---|---|
| | | | | | |
| 1 | | | | | |
| 2 | | | | | |
| 3 | | | | | |
| 4 | | | | | |
| 5 | | | | | |
| 6 | | | | | |
| 7 | | | | | |
| 8 | | | | | |
| 9 | | | | | |
| 10 | | | | | |
| 11 | | | | | |
| 12 | | | | | |
| 13 | | | | | |
| 14 | | | | | |
| 15 | | | | | |
| 16 | | | | | |
| 17 | | | | | |
| 18 | | | | | |

## 三、编制作业指导书

______作业指导书

检测方法依据：

GB/T

适用范围：

测量范围：

（一）化学试剂（表 2-30）

**表 2-30　化学试剂**

| 序号 | 名　称 | 级　别 | 包　装 | 试剂生产厂商 |
| --- | --- | --- | --- | --- |
| 1 | | | | |
| 2 | | | | |
| 3 | | | | |
| 4 | | | | |
| | | | | |
| | | | | |
| | | | | |

（二）标准物质（表 2-31）

**表 2-31　标准物质**

| 序号 | 名　称 | 级　别 | 包　装 | 试剂生产厂商 |
| --- | --- | --- | --- | --- |
| 1 | | | | |
| 2 | | | | |
| 3 | | | | |
| | | | | |

（三）检测用仪器（表 2-32）

**表 2-32　检测用仪器**

| 序　号 | 名　称 | 型　号 | 规　格 |
| --- | --- | --- | --- |
| 1 | | | |
| 2 | | | |
| | | | |
| | | | |

（四）辅助设备（表 2-33）

**表 2-33　辅助设备**

| 序　号 | 名　称 | 型　号 | 规格及厂商 |
|---|---|---|---|
| 1 | | | |
| 2 | | | |
| 3 | | | |
| 4 | | | |
| | | | |
| | | | |

（五）玻璃仪器（表 2-34）

**表 2-34　玻璃仪器**

| 序　号 | 名　称 | 规　格 |
|---|---|---|
| 1 | | |
| 2 | | |
| 3 | | |
| 4 | | |
| 5 | | |
| | | |
| | | |
| | | |
| | | |
| | | |

（六）其他耗材（表 2-35）

**表 2-35　其他耗材**

| 序　号 | 名　称 | 规　格 |
|---|---|---|
| 1 | | |
| 2 | | |
| 3 | | |
| | | |
| | | |
| | | |
| | | |
| | | |

（七）标准溶液配制（表 2-36）

**表 2-36 标准溶液配制**

| 序号 | 名称 | 配制方法 |
|---|---|---|
| 1 | | |
| 2 | | |
| 3 | | |
| 4 | | |
| | | |
| | | |
| | | |
| | | |
| | | |

（八）化学试剂溶液配制（表 2-37）

**表 2-37 化学试剂溶液配制**

| 序号 | 名称 | 配制方法 |
|---|---|---|
| 1 | | |
| 2 | | |
| 3 | | |
| 4 | | |
| 5 | | |
| | | |

（九）检测步骤

**1. 样品处理（表 2-38）**

**表 2-38 样品处理**

| 序号 | 检测步骤 | 说明 | 认可 |
|---|---|---|---|
| 1 | 称取试样 | | |
| 2 | | | |
| 3 | | | |
| 4 | | | |
| 5 | | | |
| 6 | | | |
| 7 | | | |
| 8 | | | |
| | | | |
| | | | |
| | | | |
| | | | |

**2.** 仪器测定

① 仪器工作条件

② 校正曲线制作

（十）计算公式

式中：

（十一）检测方法对测定结果的规定

（1）平行测定结果用算术平均值表示，保留小数点后一位。

（2）相对偏差≤±5％。

## 四、编写仪器操作规程

请参考下面液相色谱仪操作规程，完成 AFS 的操作规程编写。

## 五、活动评价（表 2-39）

表 2-39　活动评价

| 项次 | 项目要求 | | 配分 | 评分细则 | 自评分数 | 小组评分 | 教师评分 |
|---|---|---|---|---|---|---|---|
| 素养（20分） | 纪律情况（5分） | 按时到岗，不早退 | 2分 | 违反规定，每次扣2分 | | | |
| | | 积极思考回答问题 | 2分 | 根据上课统计情况得1～2分 | | | |
| | | 四有一无（有本、笔、书、工作服，无手机） | 1分 | 违反规定每项扣1分 | | | |
| | | 执行教师命令 | 0分 | 此为否定项，违规酌情扣10～100分，违反校规按校规处理 | | | |
| | 职业道德（10分） | 主动与他人合作 | 4分 | 主动合作得4分<br>被动合作得2分<br>不合作得0分 | | | |
| | | 主动帮助同学 | 3分 | 能主动帮助同学得3分<br>被动得1分 | | | |
| | | 严谨、追求完美 | 3分 | 对工作精益求精且效果明显得3分<br>对工作认真得1分<br>其余不得分 | | | |
| | 5S（5分） | 桌面、地面整洁 | 3分 | 自己的工位桌面、地面整洁无杂物，得3分<br>不合格不得分 | | | |
| | | 物品定置管理 | 2分 | 按定置要求放置得2分<br>其余不得分 | | | |
| 核心能力（60分） | 数据校验与质量保证（19分） | 发现、分析及解决问题能力 | 4分 | 发现实验问题得1分<br>分析实验问题得1分<br>提出解决方案得2分 | | | |
| | | 质量标准与检测方法标准 | 3分 | 能区分质量标准与检测方法标准得3分 | | | |
| | | 重现性 | 3分 | 掌握重现性评价方法得3分 | | | |
| | | 准确性 | 3分 | 掌握准确性评价方法得3分 | | | |
| | | 检出限 | 3分 | 掌握检出限评价方法得3分 | | | |
| | | 线性范围 | 3分 | 掌握线性范围评价方法得3分 | | | |
| | 出具检测报告（9分） | | 9分 | 报告完整、结果准确得9分 | | | |
| | 编制作业指导书（16分） | | 16分 | 作业指导书内容完整、详实得16分<br>有缺项，每项扣5分，扣完为止 | | | |
| | 编写操作规程（16分） | | 16分 | 操作规程内容完整、详实得16分<br>有缺项，每项扣5分，扣完为止 | | | |

续表

<table>
<tr><th>项次</th><th colspan="2">项目要求</th><th>配分</th><th>评分细则</th><th>自评分数</th><th>小组评分</th><th>教师评分</th></tr>
<tr><td rowspan="4">工作页完成情况（20分）</td><td rowspan="4">按时完成工作页（20分）</td><td>及时提交</td><td>5分</td><td>按时提交得5分，迟交不得分</td><td></td><td></td><td></td></tr>
<tr><td>内容完成程度</td><td>5分</td><td>按完成情况分别得1～5分</td><td></td><td></td><td></td></tr>
<tr><td>回答准确率</td><td>5分</td><td>视准确率情况分别得1～5分</td><td></td><td></td><td></td></tr>
<tr><td>有独到的见解</td><td>5分</td><td>视见解程度分别得1～5分</td><td></td><td></td><td></td></tr>
<tr><td colspan="5">总分</td><td></td><td></td><td></td></tr>
<tr><td colspan="5">加权平均（自评20%，小组评价30%，教师评价50%）</td><td colspan="3"></td></tr>
<tr><td colspan="4">教师评价签字：</td><td colspan="4">组长签字：</td></tr>
<tr><td colspan="8">1. 请你根据以上打分情况，对本活动当中的工作和学习状态进行总体评述（从素养的自我提升方面、职业能力的提升方面进行评述，分析自己的不足之处，描述对不足之处的改进措施）。</td></tr>
<tr><td colspan="8">2. 教师指导意见：</td></tr>
</table>

# 活动五　总结拓展

**建议学时**：8 课时

**学习要求**：该活动主要包括项目回顾、技术总结报告、拓展练习。具体工作步骤及要求见表 2-40。

表 2-40　工作步骤及要求

| 序号 | 工作步骤 | 要　求 | 时间/min | 备注 |
|---|---|---|---|---|
| 1 | 项目回顾 | 能采取具有代表性的样品 | 20 | |
| | | 检测过程的质量保证体系 | 25 | |
| 2 | 撰写技术论文 | 查阅参考文献，编写前言 | 30 | |
| | | 编写实验设计、实验过程 | 30 | |
| | | 编写实验结果 | 30 | |
| | | 正确进行结果与分析 | 30 | |
| | | 能发现实验出现问题，并提出解决方案 | 35 | |
| | | 能将方法进行推广、移植 | 30 | |
| | | 正确书写参考文献 | 30 | |
| 3 | 拓展练习 | 设计茶叶中汞元素测试方案 | 90 | |
| 4 | 活动评价 | | 10 | |

## 一、 项目回顾

**1.** 根据 GB/T 5009.1—2003 总则要求，回顾实验设计，列出出现的问题，并提出及其解决方案。

**2.** 该如何设计实验，保证分析数据的质量?

**3.** 通过富硒茶中硒元素分析，我们可以了解硒茶中硒元素的情况。请给出一份合理选茶、合理补硒的建议，以便指导您的同学及其家人。

## 二、撰写技术论文

**4.** 请按下列要求完成一份该项目的技术论文，论文字数控制在 3000～6000 字。

技术论文包括以下几部分内容：①前言/介绍，查阅参考文献，说明项目的由来，研究、测试的目的、意义及必要性。②实验过程，说明解决问题的方式、方法、手段，体现实验设计、创新性等。③实验结果与分析，写出实验所得的结果，并对结果进行分析，合理解释，得出结论。④问题及解决方案，将实验过程出现的问题罗列，记录问题解决过程，提出解决方案。⑤推广价值，将该项目的现实应用进行推广，应用到更多领域。⑥致谢，项目涉及的个人、单位等。⑦参考文献，按相关性、重要性写出相应文献。

## 三、拓展练习

**5.** 请设计一个茶叶中汞元素的分析测试方案。

## 四、活动评价（表 2-41）

**表 2-41　活动评价**

| 项次 | 项目要求 | | 配分 | 评分细则 | 自评分数 | 小组评分 | 教师评分 |
|---|---|---|---|---|---|---|---|
| 素养（20分） | 纪律情况（5分） | 按时到岗，不早退 | 2分 | 违反规定，每次扣2分 | | | |
| | | 积极思考回答问题 | 2分 | 根据上课统计情况得1～2分 | | | |
| | | 四有一无（有本、笔、书、工作服，无手机） | 1分 | 违反规定每项扣1分 | | | |
| | | 执行教师命令 | 0分 | 此为否定项，违规酌情扣10～100分，违反校规按校规处理 | | | |
| | 职业道德（10分） | 主动与他人合作 | 4分 | 主动合作得4分<br>被动合作得2分<br>不合作得0分 | | | |
| | | 主动帮助同学 | 3分 | 能主动帮助同学得3分<br>被动得1分 | | | |
| | | 严谨、追求完美 | 3分 | 对工作精益求精且效果明显得3分<br>对工作认真得1分<br>其余不得分 | | | |
| | 5S（5分） | 桌面、地面整洁 | 3分 | 自己的工位桌面、地面整洁无杂物，得3分<br>不合格不得分 | | | |
| | | 物品定置管理 | 2分 | 按定置要求放置得2分<br>其余不得分 | | | |

续表

| 项次 | 项目要求 | | 配分 | 评分细则 | 自评分数 | 小组评分 | 教师评分 |
|---|---|---|---|---|---|---|---|
| 核心能力（60分） | 技术论文（25分） | 前言简介<br>实验过程<br>实验结果<br>分析讨论<br>问题及解决方案<br>方法推广<br>致谢<br>参考文献 | 25分 | 查阅参考文献，编写前言2分<br>编写实验设计、实验过程5分<br>编写实验结果5分<br>正确进行分析讨论4分<br>能发现实验出现问题，并提出解决方案5分<br>能将方法进行推广、移植2分<br>正确书写参考文献2分 | | | |
| | 拓展练习（35分） | 汞元素分析 | 35分 | 设计汞元素分析测试方案35分 | | | |
| 工作页完成情况（20分） | 按时完成工作页（20分） | 及时提交 | 5分 | 按时提交5分，迟交不得分 | | | |
| | | 内容完成程度 | 5分 | 按完成情况分别得1～5分 | | | |
| | | 回答准确率 | 5分 | 视准确率情况分别得1～5分 | | | |
| | | 有独到的见解 | 5分 | 视见解程度分别得1～5分 | | | |
| | | | | 总分 | | | |
| 加权平均（自评20%，小组评价30%，教师50%） | | | | | | | |
| 教师评价签字： | | | | 组长签字： | | | |
| 1. 请你根据以上打分情况，对本活动当中的工作和学习状态进行总体评述（从素养的自我提升方面、职业能力的提升方面进行评述，分析自己的不足之处，描述对不足之处的改进措施）。 | | | | | | | |
| 2. 教师指导意见： | | | | | | | |

## 项目总评（表 2-42）

表 2-42 项目总评

| 项次 | 项目内容 | 权重 | 综合得分<br>(各活动加权平均分×权重) | 备注 |
|---|---|---|---|---|
| 1 | 接受任务 | 10% | | |
| 2 | 制定方案 | 25% | | |
| 3 | 实施分析 | 40% | | |
| 4 | 验收交付 | 10% | | |
| 5 | 总结拓展 | 15% | | |
| 6 | 合计 | 100% | | |
| 本项目合格与否 | | | 教师签字： | |

请你根据以上打分情况，对本项目当中的工作和学习状态进行总体评述(从素养的自我提升方面、职业能力的提升方面进行评述，分析自己的不足之处，描述对不足之处的改进措施)。

教师指导意见：

# 学习任务三

# 医用胶囊中铬元素分析

# 任务书

受某食品药品检定研究院和市食品药品检验机构委托，标志为桂林市维威制药有限公司的咳特灵胶囊、上海全宇生物科技遂平制药有限公司的硫酸庆大霉素碳酸铋胶囊、通化方大药业股份有限公司的天麻胶囊中铬含量可能严重超出国家药典标准规定，对其铬含量进行测定。我院分析检测中心接到该任务，指明由技师来完成本次任务。作为一名分析工作人员，学院想请你对这些胶囊进行铬含量测定，并对铬含量进行验证。请你按照标准要求，制定检测方案，完成分析检测，出具检测报告并进行合理化的建议。请你再对铬的作用、来源、危害、摄入量及含铬食品等科普知识进行收集。同时提交一份作业指导书、一份仪器操作规程、一份技术论文。

要求在5个工作日完成本次分析，要求结果铬的批内相对标准偏差<10%，并且检测结果和其他检测机构的检测结果相同。工作过程符合5S规范，检测过程符合《GB/T 5009.123—2003 食品中铬的测定》标准要求。

## 活动名称及课时分配表（表3-1）

表 3-1　活动名称及课时分配

| 活动序号 | 活动名称 | 课时安排 | 备注 |
|---|---|---|---|
| 1 | 接受任务 | 4课时 | |
| 2 | 制定方案 | 8课时 | |
| 3 | 实施检测 | 28课时 | |
| 4 | 交付验收 | 4课时 | |
| 5 | 总结与拓展 | 8课时 | |
| 合计 | | 52课时 | |

# 活动一　接受任务

**建议学时**：4课时

**学习要求**：通过该活动，我们要明确“分析测试业务委托书”中任务的工作要求，完成医用胶囊中铬含量的测定任务。具体工作步骤及要求见表3-2。

**表3-2　工作步骤及要求**

| 序号 | 工作步骤 | 要求 | 时间/min | 备注 |
| --- | --- | --- | --- | --- |
| 1 | 阅读任务书 | 提取关键词 | 5 | |
| | | 复述任务要素 | 5 | |
| | | 提取任务相应验收要素 | 5 | |
| 2 | 确定检验项目 | 搜索引擎使用 | 5 | |
| | | 根据关键词找到相应的标准 | 5 | |
| | | 根据标准查找铬元素范围值 | 5 | |
| | | 搜索铬元素来源、危害 | 10 | |
| | | 搜索铬中毒的预防及处理 | 20 | |
| | | 与客户沟通确定检验项目 | 10 | |
| 3 | 确定检验方法 | 搜集相关规范引用性文件 | 10 | |
| | | 找到并下载相关的资料及标准 | 10 | |
| | | 比较检测标准 | 20 | |
| | | 根据实训室资源列出测定方法及理由 | 10 | |
| | | 与客户沟通确定检验方法 | 10 | |

续表

| 序号 | 工作步骤 | 要求 | 时间/min | 备注 |
|---|---|---|---|---|
| 4 | 填写委托检验书 | 与客户沟通完整填写委托方信息 | 10 | |
| | | 完整填写检测方信息 | 5 | |
| | | 准确填写样品信息 | 5 | |
| | | 与客户沟通确定检验项目及检测标准方法 | 5 | |
| | | 与客户沟通协商报告交付方式 | 5 | |
| | | 与客户沟通协商检测费用 | 5 | |
| | | 正确交付客户、承检、实验室三方三联单 | 5 | |
| 5 | 活动评价 | | 10 | |

## 一、阅读任务书

**1.** 请阅读任务书，并用“△”标记关键词，同时摘录下来。

**2.** 请你从关键词中选择词语组成一句话，说明该任务的要求。（要求：其中包含时间、地点、人物以及事件的具体要求）

______________________________________________________________________

______________________________________________________________________

______________________________________________________________________

______________________________________________________________________

______________________________________________________________________

**3.** 委托书中要求我们检测医用胶囊中铬含量，请你回忆一下，之前检测过哪些金属元素指标呢？采用的是什么方法？（表 3-3）

**表 3-3　指标及采用方法**

| 指标 | 采用方法 |
| --- | --- |
| | |
| | |
| | |

**4.** 之前学习过的水质测定项目中，你认为难度最大的项目是什么，最需要加强练习的环节又是什么？（以工业废水中铜的测定为例，写出不少于 3 条）

（1）______________________________________________________________

______________________________________________________________________

（2）______________________________________________________________

______________________________________________________________________

（3）______________________________________________________________

______________________________________________________________________

## 二、确定检测项目

**5.** 常用的食品标准搜索引擎有哪些？请用搜索引擎搜索完成本次检测任务的标准，请写出你搜索的关键词及搜索的网址，并用这一国标文献名保存至个人文件夹。（注：以下问题如有需要，均可使用这些搜索工具寻找答案）

**6.** 通过检索，我们发现铬元素超标对人体是有害的。

(1) 例如，《每周质量播报》曝光了部分药企使用的胶囊中铬含量超标，国家食品药品监督管理局已发出紧急通知，要求对13个药用空心胶囊产品暂停销售和使用。之所以胶囊中会发生铬超标，是因为黑心企业在制作胶囊时，用工业明胶代替了药用明胶。合格的药用明胶所用的猪皮和牛皮应是未经铬盐鞣制或未经有害金属污染的制革生皮或新鲜皮、冷冻皮。而制革厂的边角料只能用来生产工业明胶。请你查阅相关资料解释为什么皮革处理时会用到铬呢？

(2) Cr(铬）元素具有多种化合价，下列含铬的物质中铬元素的化合价分别是（　　）

A. Cr　　B. $K_2Cr_2O_7$　　C. $Cr_2(SO_4)_3$　　D. $CrCl_2$

(3) 铬能慢慢地溶于稀盐酸、稀硫酸，而生成蓝色溶液 $CrC_{12}$，而 $CrC_{12}$ 与稀盐酸在空气中反应生成 $CrC_{13}$。铬与浓硫酸反应，则生成二氧化硫和硫酸铬（Ⅲ）。与空气接触则很快变成绿色，是因为被空气中的氧气氧化成绿色的 $Cr_2O_3$ 的缘故。请你写出这些反应的化学方程式。

(4) 自然界有两种主要的铬的价态，一种是三价铬，另一种就是臭名昭著的六价铬，以铬酸根的形式存在。六价铬有很强的生物毒性，长期接触有致癌性，急性毒性剂量范围在50～150μg/kg。即使在皮革行业中，六价铬也是人见人厌的化学物质。请你查阅资料说明六价铬对人体的健康危害表现在哪些方面？（至少说明3点）

(5) 有一些人听说自己缺铬，就盲目补铬，把高铬食物当做营养品长期服用，其实盲目地补铬是不可取的。铬的毒性与其存在的价态有极大的关系，六价铬的毒性比三价铬高约100倍。在食物中大多为三价铬，其口服毒性很低，可能是由于其吸收非常少。请你查阅相关资料说明铬量比较高的食物主要有哪些？

（6）目前国内冶金和化学工业中每年大约排出 20 万～30 万吨铬渣。铬渣中的有害成分主要是可溶性铬酸钠、酸溶性铬酸钙等六价铬离子。这些六价铬以及它的流失扩散构成对生态环境的污染危害。其次是铬渣的强碱性危害。当铬渣在露天堆存时，经长期雨水冲淋后，大量的六价铬离子随雨水溶渗、流失、渗入地表，从而污染地下水，也污染了江河、湖泊，进而危害农田、水产和人体健康。请你查阅相关资料，说明如何判断六价铬污染严重的水，判断的依据是什么？

**7.** 某地区的河流中的水经常呈黄色，附近有一个大型的冶炼电镀铬厂。有一天，附近地区的居民发生大面积的中毒、呕吐现象，怀疑是铬中毒，请你快速判断居民是否是铬中毒，现场应急监测方法有哪些？

**8.** 通过查阅相关资料，请你写出铬的实验室监测方法（表 3-4）。

**表 3-4　铬的实验室监测方法**

| 标准名称 | 标准编号 | 适用范围 | 方法简要原理 | 检出限 |
|---|---|---|---|---|
| | | | | |
| | | | | |
| | | | | |
| | | | | |
| | | | | |

**9.** 请你查阅标准，写出铬的环境标准有哪些？相应的限量及技术指标有哪些？

**10.** 铬含量超过标准会引起严重的危害，为此我国对含铬食品设立了大量的标准，对食品中铬含量作了严格规定。请根据你查阅的标准，完成表 3-5 内容。

**表 3-5　含铬食品标准**

| 食品名称 | 标准号 | 含量/(mg/kg) |
|---|---|---|
| | | |
| | | |
| | | |

**11.** 为完成本次的委托，我们需要与客户沟通，确定检测项目及其判断标准，请你说出有几种和客户沟通的方法并完成表 3-6。

**表 3-6　检测项目及判断标准**

| 送样时间 | | 样品名称 | | 数量 | |
|---|---|---|---|---|---|
| 样品形状 | □液体□固体 | 形态描述 | | | |
| 检测项目及分析要求 | | | | | |
| 联系方式 | | | | | |

## 三、确定检测方法

**12.** 任务书要求________天内完成该项任务，那么我们选择什么样的检测方法来完成呢？回忆一下之前所完成的工作，方法的选择一般有哪些注意事项？小组讨论完成，列出不少于 3 点，并解释。

（1）____________________________________________

____________________________________________

（2）____________________________________________

____________________________________________

（3）____________________________________________

____________________________________________

**13.** 请查阅相关国标，并以表格形式罗列出检测项目都有哪些检测方法、特征（表 3-7）。

**表 3-7　检测方法及特征**

| 检测项目 | 参考标准 | 检测方法 | 特征<br>（主要仪器设备） |
|---|---|---|---|
| | | | |
| | | | |
| | | | |
| | | | |
| | | | |

**14.** 谈谈你对仲裁性检测的理解是什么？（不少于 3 条）

（1）____________________________________________

____________________________________________

（2）____________________________________________

____________________________________________

（3）____________________________________________

____________________________________________

**15.** 检测方法如何达到加急的要求？（不少于 3 条）

（1）____________________________________________

____________________________________________

（2）

（3）

**16.** 请根据你查阅的标准，经过小组讨论列出所有的测定标准。比较这些方法的异同，并根据实训室的资源列出你所选出的标准及理由。

（1）不同方法的原理及适用范围等的比较（表 3-8）。

**表 3-8　不同方法的原理及适用范围等的比较**

| 标准及编号 | 原　理 | 适用范围 | 检出限 |
| --- | --- | --- | --- |
| | | | |
| | | | |
| | | | |
| | | | |
| | | | |

（2）不同标准的优缺点比较（表 3-9）。

**表 3-9　不同标准优缺点比较**

| 标准及编号 | 优　点 | 缺　点 |
| --- | --- | --- |
| | 仪器与设备 | |
| | 试剂及药品 | |
| | 前处理方法 | |
| | 实验过程操作 | |
| | 实训室资源 | |
| | 仪器与设备 | |
| | 试剂及药品 | |
| | 前处理方法 | |
| | 实验过程操作 | |
| | 仪器与设备 | |
| | 试剂及药品 | |
| | 前处理方法 | |
| | 实验过程操作 | |
| | 仪器与设备 | |
| | 试剂及药品 | |
| | 前处理方法 | |
| | 实验过程操作 | |

（3）罗列出你的小组选择标准的理由。

**17.** 请与委托人进行沟通，确定检测使用的标准。委托方希望使用的仪器比较快速、准确且检测成本比较低，请你确定最终选择的标准。

## 四、填写委托检验协议书

**18. 填写委托检验协议书**（表 3-10）

**表 3-10　委托检验协议书**

编号：

<table>
<tr><td colspan="5">委托方(甲方)</td><td colspan="4">承检方(乙方)</td></tr>
<tr><td colspan="5">单位名称：</td><td colspan="4">单位名称：</td></tr>
<tr><td colspan="5">通讯地址：<br>邮　　编：</td><td colspan="4">通讯地址：<br>邮　　编：</td></tr>
<tr><td colspan="5">联系人：<br>联系电话：</td><td colspan="4">联系电话：<br>传　　真：<br>e-mail：<br>网　　址：</td></tr>
<tr><td rowspan="4">样品信息</td><td>样品名称</td><td colspan="3"></td><td colspan="2">商　标</td><td colspan="2"></td></tr>
<tr><td>生产单位</td><td colspan="3"></td><td colspan="2">生产日期</td><td colspan="2"></td></tr>
<tr><td>数　量</td><td></td><td>规格</td><td></td><td>颜色、状态</td><td></td><td>存放要求</td><td></td></tr>
<tr><td>备　注</td><td colspan="7"></td></tr>
<tr><td>委托内容</td><td colspan="4">检验项目：</td><td colspan="4">检验依据：<br>☐ 指定检测依据的标准或其他方法<br>☐ 由本中心选定合适标准<br>☐ 同意用本中心确定的非标准</td></tr>
<tr><td colspan="2">检验方法选择理由</td><td colspan="7"></td></tr>
<tr><td rowspan="3">报告交付</td><td>交付方式</td><td colspan="7">☐ 自取　☐ 邮寄　☐ 特快专递　☐ 传真　其他：</td></tr>
<tr><td>报告份数</td><td colspan="4">______份　其他：</td><td rowspan="2">样品处理</td><td colspan="2">☐ 领回　☐ 处置</td></tr>
<tr><td>交付日期</td><td colspan="4">年　月　日</td><td colspan="2">☐ 监护处理____月</td></tr>
<tr><td rowspan="2">费用</td><td>检验费(元)</td><td colspan="3"></td><td colspan="2">加急费(元)</td><td colspan="2"></td></tr>
<tr><td>预收费(元)</td><td colspan="3"></td><td colspan="2">合　计(元)</td><td colspan="2"></td></tr>
<tr><td colspan="2">备　注</td><td colspan="7"></td></tr>
<tr><td colspan="5">委托人签字：<br><br>年　月　日</td><td colspan="4">受理人签字：<br><br>年　月　日</td></tr>
</table>

1. 本协议甲方“委托人”和乙方“受理人”签字后协议生效；
2. 表中所列样品由甲方提供，甲方对样品资料的真实性负责；
3. 乙方按甲方提出的要求和检验项目进行检验，乙方对检验数据的真实性负责；
4. 乙方对样品有疑问或无法按期完成检验工作时，乙方应及时通知甲方；
5. 甲方要求变更委托内容时，应在检验开始前通知乙方，由双方协商解决，必要时重签协议；
6. 乙方负责按双方商定的方式发送检验报告和处理检后样品；
7. 甲方在领取检验报告时，应出示本协议，以免发生误领。

☐ 第一联　承检方留存　　☐ 第二联　　检测室留存　　☐ 第三联　委托方留存

## 五、活动评价（表 3-11）

表 3-11 活动评价

| 项次 | 项目要求 | | 配分 | 评分细则 | 自评分数 | 小组评分 | 教师评分 |
|---|---|---|---|---|---|---|---|
| 素养（20分） | 纪律情况（5分） | 按时到岗，不早退 | 2分 | 违反规定，每次扣2分 | | | |
| | | 积极思考回答问题 | 2分 | 根据上课统计情况得1～2分 | | | |
| | | 四有一无（有本、笔、书、工作服，无手机） | 1分 | 违反规定每项扣1分 | | | |
| | | 执行教师命令 | 0分 | 此为否定项，违规酌情扣10～100分，违反校规按校规处理 | | | |
| | 职业道德（10分） | 主动与他人合作 | 4分 | 主动合作得4分<br>被动合作得2分<br>不合作得0分 | | | |
| | | 主动帮助同学 | 3分 | 能主动帮助同学得3分<br>被动得1分 | | | |
| | | 严谨、追求完美 | 3分 | 对工作精益求精且效果明显得3分<br>对工作认真得1分<br>其余不得分 | | | |
| | 5S（5分） | 桌面、地面整洁 | 3分 | 自己的工位桌面、地面整洁无杂物，得3分<br>不合格不得分 | | | |
| | | 物品定置管理 | 2分 | 按定置要求放置得2分<br>其余不得分 | | | |
| 核心能力（60分） | 阅读任务书（5分） | 关键词提取 | 1分 | 能提取检索关键词得1分 | | | |
| | | 复述任务要素 | 2分 | 能在100字复述要素得2分 | | | |
| | | 验收材料 | 2分 | 能提取任务验收所需材料得2分 | | | |
| | 填写委托检验书（55分） | 搜索引擎使用 | 2分 | 知道百度等搜索工具得2分 | | | |
| | | 根据关键词找到检测的标准 | 3分 | 正确下载并保存得3分 | | | |
| | | 根据标准查找铬元素范围 | 3分 | 铬元素范围填写完整得3分<br>其余酌情扣分 | | | |
| | | 搜索铬的来源 | 2分 | 会用"铬的污染来源"检索得2分 | | | |
| | | 搜索铬的危害 | 2分 | 会用"铬危害"检索得2分 | | | |
| | | 搜索铬污染的治理 | 6分 | 会用"铬污染"检索得6分 | | | |
| | | 含铬食品的限值、范围 | 4分 | 总结含铬食品的限值、范围得4分 | | | |
| | | 与客户沟通确定检验项目 | 5分 | 能正确用语与委托方确定检验项目得5分 | | | |

续表

| 项次 | 项目要求 | | 配分 | 评分细则 | 自评分数 | 小组评分 | 教师评分 |
|---|---|---|---|---|---|---|---|
| | | 搜集相关规范引用性文件 | 5分 | 能找到规范引用文件得5分 | | | |
| | | 找到并下载相关文献 | 2分 | 正确下载并保存得2分 | | | |
| | | 比较检测标准 | 3分 | 2个检测标准比对得3分 | | | |
| | | 拓展测定方法 | 6分 | 能提出国标未提出的测定方法得6分 | | | |
| | | 确定检验方法 | 5分 | 与客户沟通确定检验方法得5分 | | | |
| | | 填写委托书内容 | 7分 | 在20min内完成委托书内容得7分，每超过1min扣1分，最长不超过5min。 | | | |
| 工作页完成情况（20分） | 按时完成工作页（20分） | 及时提交 | 5分 | 按时提交得5分，迟交不得分 | | | |
| | | 内容完成程度 | 5分 | 按完成情况分别得1～5分 | | | |
| | | 回答准确率 | 5分 | 视准确率情况分别得1～5分 | | | |
| | | 有独到的见解 | 5分 | 视见解程度分别得1～5分 | | | |
| | | | | 总分 | | | |
| 加权平均（自评20%，小组评价30%，教师评价50%） | | | | | | | |

教师评价签字：　　　　组长签字：

请你根据以上打分情况，对本活动当中的工作和学习状态进行总体评述（从素养的自我提升方面、职业能力的提升方面进行评述，分析自己的不足之处，描述对不足之处的改进措施）。

教师指导意见：

# 活动二　制定方案

**建议学时**：8 课时

**学习要求**：通过该活动，学习了原子光谱相关的基础知识，包括编制检测工作流程、编制设备工具材料清单、编写工作方案等内容。具体工作步骤及要求见表 3-12。

表 3-12　工作步骤及要求

| 序号 | 工作步骤 | 要　求 | 时间/min | 备注 |
|---|---|---|---|---|
| 1 | 编制检测流程表 | 具有安全手册编写环节 | 15 | |
| | | 具有仪器操作练习环节 | 15 | |
| | | 具有准备仪器试剂环节 | 15 | |
| | | 具备条件优化环节 | 15 | |
| | | 具备样品采集及前处理环节 | 15 | |
| | | 具备样品分析测试环节 | 15 | |
| | | 具备数据处理和原始数据记录环节 | 15 | |
| | | 具备报告环节 | 15 | |
| 2 | 编写设备工具材料清单 | 能完整编写主要仪器清单 | 10 | |
| | | 能完整编写辅助仪器清单 | 15 | |
| | | 能完整编写玻璃仪器清单 | 15 | |
| | | 能完整编写化学试剂清单 | 15 | |
| | | 能完整编写标准物质清单 | 15 | |
| 3 | 编写工作方案 | 根据检验项目和方法编制工作目标 | 10 | |
| | | 根据检测流程编制工作流程 | 10 | |
| | | 各工作流程人员分工合理 | 25 | |
| | | 各工作流程时间分配合理 | 25 | |
| | | 各工作流程要求分配合理 | 45 | |
| | | 具备工作过程的整体质量意识 | 45 | |
| 4 | 活动评价 | | 10 | |

## 一、编制检测流程表

**1.** 请回顾高级工或之前阶段的实验过程，整个实验过程大致可以分为哪几个环节，每个环节的主要工作要点有哪些？

**2.** 根据确定的检测标准，医用胶囊中铬测定的主要工作流程是什么？请你总结每一步骤的要点及注意事项。

(1) ________________________________________

________________________________________

(2) ________________________________________

________________________________________

(3) ________________________________________

________________________________________

(4) ________________________________________

________________________________________

(5) ________________________________________

________________________________________

**3.** 如果经委托方协商确定使用AAS法进行胶囊中铬的测定，请你根据国标绘制测定胶囊中铬的分析流程图。

**4.** 如果经委托方协商确定使用AAS法进行胶囊中铬元素分析，而这是你第一次使用该仪器，那么你需要查找哪些资料，这些资料如何获得？

**5. 请编制本项目的检测流程表（表 3-13）。**

**表 3-13 检测流程表**

| 序号 | 工作流程 | 主要工作内容 | 评价标准 | 花费时间/h |
|---|---|---|---|---|
| 1 | | | | |
| 2 | | | | |
| 3 | | | | |
| 4 | | | | |
| 5 | | | | |
| 6 | | | | |
| 7 | | | | |
| 8 | | | | |

## 二、编制设备工具材料清单

**6.** 请《GB/T 5009.123—2003 食品中铬的测定》编制本任务的仪器清单，同时核查本实验室仪器厂家、型号、作用。请列表完成（表 3-14）。

**表 3-14 仪器清单**

| 序号 | 仪器名称 | 型号 | 作用 | 是否会操作 |
|---|---|---|---|---|
| 1 | | | | |
| 2 | | | | |
| 3 | | | | |
| 4 | | | | |
| 5 | | | | |

**7.** 请你根据实验室的实际情况写出应用到哪些辅助设备，编制辅助设备清单（表 3-15）。

**表 3-15 辅助设备清单**

| 序号 | 名称 | 型号 | 规格及厂商 |
|---|---|---|---|
| 1 | | | |
| 2 | | | |
| 3 | | | |
| 4 | | | |

**8.** 在实验过程中使用到的玻璃仪器有哪些，请你写下来（表 3-16）。

**表 3-16 玻璃仪器清单**

| 序 号 | 名 称 | 规 格 |
|---|---|---|
| 1 | | |
| 2 | | |
| 3 | | |
| 4 | | |

**9.** 为了完成检测任务，需要用到哪些试剂呢？请列表完成（表 3-17）。

**表 3-17 试剂**

| 序 号 | 试剂名称 | 规 格 | 配制方法 |
|---|---|---|---|
| 1 | | | |
| 2 | | | |
| 3 | | | |
| 4 | | | |
| 5 | | | |
| 6 | | | |

**10.** 如何配制 1000 mg/L 铬贮备标准溶液的呢（表 3-18）？

**表 3-18 配制 1000mg/L 铬贮备标准溶液**

| | 采用的药品 | 试剂纯度等级 | 称量____g,定容至____mL. |
|---|---|---|---|
| 元素浓度/(1000mg/L) | 重铬酸钾 | 优级纯 | |
| | 重铬酸钾 | 基准试剂(99.5%) | |
| | 纯金属铬 | | |
| | 铬单元素标准溶液 | | |

举例，写出使用一种药品配制铬标准溶液的计算过程。

**11.** 如果要配制 100 mg/L 铬中间溶液，你的操作步骤是如何的？

## 三、编写工作方案

**12.** 请编写本任务的工作方案（表 3-19）

**表 3-19 工作方案**

<table>
<tr><td colspan="6">一、项目名称</td></tr>
<tr><td colspan="6"></td></tr>
<tr><td colspan="6">二、工作目标</td></tr>
<tr><td colspan="6"></td></tr>
<tr><td colspan="6">三、工作安排及要求(包括工作流程、设备辅具、人员分工、时间及工作要求)</td></tr>
<tr><td>序　号</td><td>工作流程</td><td>人员分工</td><td>时　间</td><td>工作要求</td><td>备　注</td></tr>
<tr><td></td><td></td><td></td><td></td><td></td><td></td></tr>
<tr><td></td><td></td><td></td><td></td><td></td><td></td></tr>
<tr><td></td><td></td><td></td><td></td><td></td><td></td></tr>
<tr><td></td><td></td><td></td><td></td><td></td><td></td></tr>
<tr><td></td><td></td><td></td><td></td><td></td><td></td></tr>
<tr><td></td><td></td><td></td><td></td><td></td><td></td></tr>
<tr><td></td><td></td><td></td><td></td><td></td><td></td></tr>
<tr><td colspan="6">四、安全注意事项(完成本项目的安全注意事项)</td></tr>
<tr><td colspan="6"></td></tr>
<tr><td colspan="6">五、验收标准(项目合格验收的标准)</td></tr>
<tr><td colspan="6"></td></tr>
</table>

## 四、活动评价（表 3-20）

表 3-20　活动评价

| 项次 | 项目要求 | | 配分 | 评分细则 | 自评分数 | 小组评分 | 教师评分 |
|---|---|---|---|---|---|---|---|
| 素养（20 分） | 纪律情况（5 分） | 按时到岗，不早退 | 2 分 | 违反规定，每次扣 2 分 | | | |
| | | 积极思考回答问题 | 2 分 | 根据上课统计情况得 1～2 分 | | | |
| | | 四有一无（有本、笔、书、工作服，无手机） | 1 分 | 违反规定每项扣 1 分 | | | |
| | | 执行教师命令 | 0 分 | 此为否定项，违规酌情扣 10～100 分，违反校规按校规处理 | | | |
| | 职业道德（10 分） | 主动与他人合作 | 4 分 | 主动合作得 4 分<br>被动合作得 2 分<br>不合作得 0 分 | | | |
| | | 主动帮助同学 | 3 分 | 能主动帮助同学得 3 分<br>被动得 1 分 | | | |
| | | 严谨、追求完美 | 3 分 | 对工作精益求精且效果明显得 3 分<br>对工作认真得 1 分<br>其余不得分 | | | |
| | 5S（5 分） | 桌面、地面整洁 | 3 分 | 自己的工位桌面、地面整洁无杂物，得 3 分<br>不合格不得分 | | | |
| | | 物品定置管理 | 2 分 | 按定置要求放置得 2 分<br>其余不得分 | | | |
| 核心能力（60 分） | 时间（5 分） | 填写方案时间 | 5 分 | 90 分钟内完成得 5 分<br>每超时 5 分钟扣 1 分 | | | |
| | 编写工作方案（55 分） | 工作目标 | 2 分 | 根据检验项目和方法编制工作目标得 2 分 | | | |
| | | 工作流程 | 16 分 | 工作流程包括“编写安全手册、仪器操作练习、准备试剂、条件优化、样品采集及前处理、样品分析、数据处理记录、报告”8 个环节，不缺项得 16 分<br>缺一项扣 2 分 | | | |
| | | 仪器设备试剂 | 10 分 | 仪器、设备、试剂根据标准填写完整得 10 分<br>缺一项扣 1 分 | | | |
| | | 人员分工 | 5 分 | 人员安排合理，分工明确得 5 分<br>组织不适一项扣 1 分 | | | |
| | | 工作时间 | 5 分 | 工作时间完整、合理，不缺项得 5 分<br>缺一项扣 1 分 | | | |

续表

| 项次 | 项目要求 | | 配分 | 评分细则 | 自评分数 | 小组评分 | 教师评分 |
|---|---|---|---|---|---|---|---|
| | | 工作要求 | 8分 | 完整正确，有成果，可评测工作得8分<br>错项漏项一项扣1分 | | | |
| | | 安全注意事项 | 5分 | 具备仪器设备安全操作手册得3分<br>具备试剂安全使用指南得2分 | | | |
| | | 验收标准 | 4分 | 验收标准正确、完整得4分<br>错、漏一项扣1分 | | | |
| 工作页完成情况（20分） | 按时完成工作页（20分） | 及时提交 | 5分 | 按时提交得5分，迟交不得分 | | | |
| | | 内容完成程度 | 5分 | 按完成情况分别得1～5分 | | | |
| | | 回答准确率 | 5分 | 视准确率情况分别得1～5分 | | | |
| | | 有独到的见解 | 5分 | 视见解程度分别得1～5分 | | | |
| 总分 | | | | | | | |
| 加权平均（自评20%，小组评价30%，教师评价50%） | | | | | | | |

教师评价签字：　　　　组长签字：

请你根据以上打分情况，对本活动当中的工作和学习状态进行总体评述（从素养的自我提升方面、职业能力的提升方面进行评述，分析自己的不足之处，描述对不足之处的改进措施）。

教师指导意见：

# 活动三　实施分析

**建议学时**：28 课时

**学习要求**：该活动主要包括编写安全手册、练习仪器开关机、编写仪器操作规程、实验条件优化、样品采集及前处理、样品分析测试、填写原始数据记录表格等内容。具体工作步骤及要求见表 3-21。

表 3-21　工作步骤及要求

| 序号 | 工作步骤 | 要　求 | 时间/min | 备　注 |
| --- | --- | --- | --- | --- |
| 1 | 编写安全手册 | 对比原子荧光光谱的安全操作相同点 | 15 | |
| | | 熟悉常见危化品、仪器设备安全知识 | 20 | |
| | | 正确编写本项目安全手册表 | 45 | |
| 2 | 练习仪器开关机操作 | 正确描述 AAS 各主要部件 | 30 | |
| | | 能分辨常用的 | 20 | |
| | | 能分辨常用的气液分离器 | 20 | |
| | | 能绘制原子化器结构图 | 20 | |
| | | 能调节原子化炉的高度 | 20 | |
| | | 能调节灯位置 | 20 | |
| | | 能描述氢化物发生顺序注射过程 | 20 | |
| | | 能区分单注射与双注射的差异 | 20 | |
| | | 能绘制气液分离器的工作原理图 | 20 | |
| | | 能编辑仪器分析方法 | 20 | |

续表

| 序号 | 工作步骤 | 要求 | 时间/min | 备注 |
|---|---|---|---|---|
| 3 | 准备相关试剂及溶液 | 溶液浓度计算，不同浓度单位的转换 | 30 | |
| | | 能根据元素标准溶液的正确配制 | 30 | |
| | | 能建立标准溶液相关的 Excel 表格 | 20 | |
| 4 | 实验条件优化 | 能完整填写 AAS 各分析参数 | 20 | |
| | | 优化灯电流 | 30 | |
| | | 优化分析线 | 30 | |
| | | 优化狭缝宽度 | 30 | |
| | | 优化原子化器高度 | 30 | |
| | | 优化原子化温度 | 30 | |
| | | 优化原子化炉的高度 | 30 | |
| | | 优化载气和屏蔽气的速度 | 30 | |
| | | 建立元素标准曲线 | 30 | |
| 5 | 样品采集及前处理 | 样品代表性采集方案 | 30 | |
| | | 能正确使用目筛 | 30 | |
| | | 能微波消解茶叶 | 180 | |
| | | 能对比原子荧光的前处理方法优缺点 | 20 | |
| 6 | 样品分析测试 | 设计样品加标实验评估回收率 | 25 | |
| | | 记录样品处理过程及仪器分析条件 | 20 | |
| | | 比对不同胶囊中铬元素差异 | 25 | |
| 7 | 填写原始数据记录表格 | 能正确进行光谱检查 | 45 | |
| | | 能正确设计并填写原始数据表 | 45 | |
| 8 | 活动评价 | | 30 | |

## 一、编写安全手册

**1.** 本项目所选方法为原子吸收光谱法，原子吸收光谱法有哪几种，常见的共同安全问题又有哪些？

**2.** 在本次实验中我们用到了哪些危险化学品？简要说出其危害。

**3.** 现在我们要学习一个新的检测任务——医用胶囊中铬含量的分析，使用的仪器主要是原子吸收分光光度计，原子吸收分析中经常接触电器设备、高压钢瓶、使用明火，因此应时刻注意安全，掌握必要的电器常识、急救知识、灭火器的使用等。请你查阅相关资料回答下列问题。

（1）实训室中可以使用的安全措施有哪些？

（2）实验过程中如发生乙炔气体泄漏、停电等紧急情况，你的操作方法是什么？

**4.** 在实验室使用乙炔时，人不要远离实验台。如果火焰不正常熄灭而又没有及时关闭阀门，乙炔就会在实验室里扩散，遇到明火就会有发生________的危险。如果实验室发生火灾且火焰不大时，你选择的灭火工具是

A 灭火器

B 灭火毯

C 灭火桶

D 墩布

**5.** 本实验任务可能遇到危险化学品、高温、高压、爆炸等安全问题，请编辑安全手册表（表 3-22），方便今后实验使用。

表 3-22 安全手册表

| | 错　误 | 正　确 | 应急处理 |
|---|---|---|---|
| 化学品 | | | |
| 高温 | | | |
| 高压 | | | |
| 爆炸 | | | |
| 剧毒 | | | |
| | | | |

## 二、练习仪器开关机操作

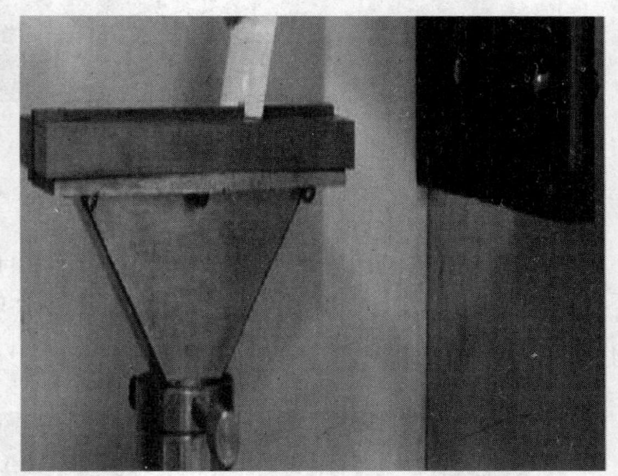

小组操作记录见表 3-23。

表 3-23 小组操作记录

| 序　号 | 操　作 | 现　象 | 备　注 |
|---|---|---|---|
| 1 | | | |
| 2 | | | |
| 3 | | | |

小测验：请你根据火焰原子化器对光的操作，总结石墨炉原子化器调光的步骤。

6. 请按照作业指导书完成下列设备的使用

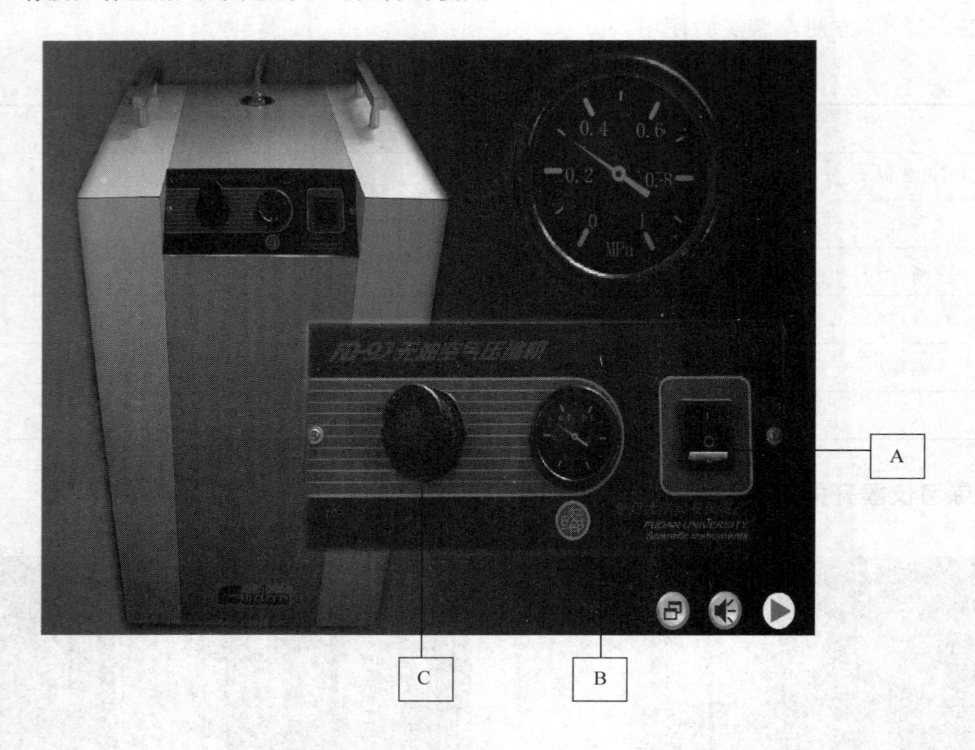


请认真阅读《作业指导书》及《气瓶使用规范》，完成下列各题。

上图所示为：____________。其中，A 的作用是____________，B 的作用是____________，C 的作用是____________。

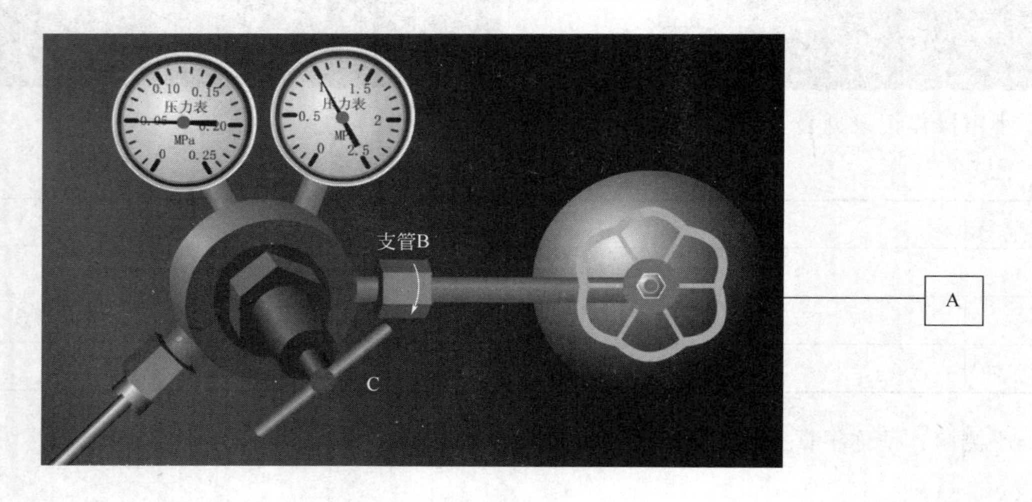


上图所示为__________，首先______时针打开________，此时压力表显示钢瓶内__________。用手按________时针方向转动____________，调节乙炔输出压为__________。

小组操作记录见表 3-24。

表 3-24 小组操作记录

| 序号 | 操　　作 | 现　　象 | 备　　注 |
| --- | --- | --- | --- |
| 1 | | | |
| 2 | | | |
| 3 | | | |
| 4 | | | |
| 5 | | | |

**7.** 请阅读原子吸收操作规程，完成开机操作，并记录开机的现象及注意事项（表 3-25）。

表 3-25 开机现象及注意事项

| 步骤序号 | 内　　容 | 观察到的现象及注意事项 |
| --- | --- | --- |
| 1 | | |
| 2 | | |
| 3 | | |
| 4 | | |

小测验：请你根据火焰法测定的开机步骤，总结石墨炉法测定时的开机步骤。

**8.** 请阅读原子吸收操作规程，完成关机操作，并记录开机的现象及注意事项。

(1) 请写出正确的关机操作步骤，并在下图中标出：

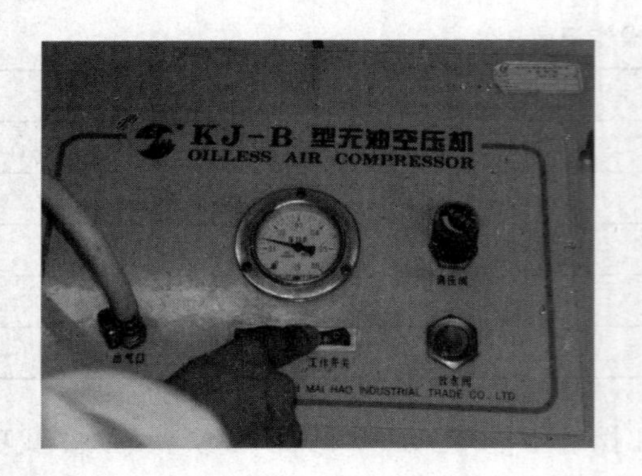


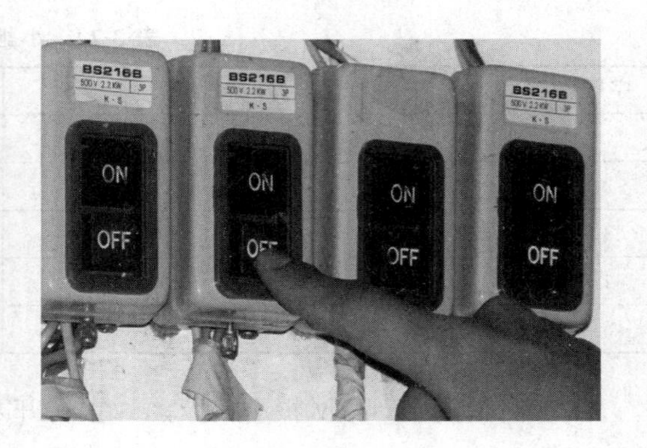

(2) 小组的关机操作及现象记录见表 3-26。

表 3-26　关机操作及现象记录

| 序　号 | 操　　作 | 现　　象 | 备　　注 |
|---|---|---|---|
| 1 | | | |
| 2 | | | |
| 3 | | | |
| 4 | | | |
| 5 | | | |

小测验：请你根据火焰法关机的操作，总结石墨炉法测定时关机的步骤。

**9.** 按照操作规程，记录仪器状态，并判断仪器状态是否稳定（表 3-27）。

表 3-27 仪器状态记录

| 仪器编号 | | 组 别 | |
| --- | --- | --- | --- |
| 参数 | 数值 | 是否正常 | 非正常处理方法 |
| | | | |
| | | | |
| | | | |
| | | | |
| | | | |
| | | | |
| | | | |
| | | | |
| | | | |
| | | | |

**10.** 完成仪器准备确认单（表 3-28）。

表 3-28 仪器准备确认单

| 序 号 | 仪 器 名 称 | 状 态 确 认 | |
| --- | --- | --- | --- |
| | | 可行 | 否，解决办法 |
| 1 | | | |
| 2 | | | |
| 3 | | | |
| 4 | | | |
| 5 | | | |
| 6 | | | |
| 7 | | | |
| 8 | | | |
| 9 | | | |

**11.** 标准贮备液配制的计算

（1）请你查阅相关资料，完成标准贮备液的配制，并做好原始记录（表 3-29）。

表 3-29 配制标准贮备液

| | 采用的药品 | 试剂纯度等级 | 称量______g，定容至____mL. |
| --- | --- | --- | --- |
| 元素浓度/(1000mg/L) | 重铬酸钾 | 优级纯 | |
| | 重铬酸钾 | 基准试剂(99.5%) | |
| | 纯金属铬 | | |
| | 铬单元素标准溶液 | | |

（2）上表中应该选择哪种物质来配制标准贮备液？选择的理由是什么？

你们小组设计的标准工作液浓度是________，完成表3-30。

表3-30　小组设计的标准工作液浓度

| 容量瓶编号 | 标准溶液 | | | | |
|---|---|---|---|---|---|
| | 1 | 2 | 3 | 4 | 5 |
| 铬标准工作液浓度/(mg/L) | | | | | |
| 吸取标准贮备液的体积/mL | | | | | |
| 定容体积/mL | | | | | |
| 铬中间贮备液浓度/(mg/L) | | | | | |

记录配制过程：

①________

②________

③________

④________

⑤________

你的小组在配制过程中的异常现象及处理方法：

①________

②________

③________

④________

(3) 国标中在配制铬标准使用液时，将标准贮备液用1.0mol/L硝酸稀释，配制成含铬100ng/mL的标准使用液。请问1.0mol/L硝酸如何配制？

## 三、实验条件及优化

**12.** 分析线：通常选共振线，有干扰时选非共振线。一般选待测元素的共振线作为分析线，测量高浓度时，也可选次灵敏线。标准中选择的分析线是多少？请设计试验，探究吸收值与分析线的关系，选择最好的分析线。

**13.** 狭缝宽度：以能将吸收线与邻近的干扰线分开为原则。无邻近干扰线（如测碱及碱土金属）时，选较大的通带，反之（如测过渡及稀土金属），宜选较小通带。实验中我们选择的狭缝宽度是什么？请设计狭缝宽度与吸收值的优化试验，选择最好的狭缝宽度。

**14.** 空心阴极灯的工作电流：在保证有稳定和足够的辐射光通量的情况下，尽量选较低的电流。实验中我们选择的灯电流是多少？请设计灯电流与吸收值的实验，选择最好的灯电流。

**15.** 燃烧器的高度：调节燃烧器高度使空心阴极灯发出的光束通过自由原子浓度最大的火焰区，灵敏度高，观测稳定性好。实验中我们选择的燃烧器的高度是多少？请设计原子化器高度实验，选择最优的原子化器高度。

**16.** 请根据铬标准溶液，使用最优化的条件，列出 AAS 的标准曲线方程、线性回归系数、检出限等。

## 四、样品采集及前处理

**17.** 样品前处理　请你说出你的小组在样品前处理时选择的消解方法是什么？选择的原因是什么？和其他消解方法比较，它的优势是什么？

**18.** 你选择这种消解方法要注意的安全事项有哪些？

**19.** 样品是怎么预处理的？样品消解时的仪器参数是什么？

## 五、样品分析测试

**20.** 请你用图框的形式写出测定样品的步骤。

**21.** 请设计样品加标实验，评价本次实验的回收率。

**22.** 请你查阅相关资料，说出样品测定过程中的质控都有哪些？设计出你在本实验过程中需要的质控方法？

**23.** 请记录检测过程中出现的问题及解决方法（表 3-31）

**表 3-31　出现的问题及解决方法**

| 序　　号 | 出现的问题 | 解 决 方 法 | 原 因 分 析 |
|---|---|---|---|
| 1 | | | |
| 2 | | | |
| 3 | | | |
| 4 | | | |
| 5 | | | |

**24.** 请做好实验记录，并且在仪器旁的仪器使用记录上进行签字。如果使用的是石墨炉原子化器，请你根据所选的实验条件，完成石墨炉原子化器的实验记录并设计一个表格（表 3-32）。

**表 3-32　实验记录表**

| 小组名称 | | 组员 | |
|---|---|---|---|
| 仪器型号/编号 | | 所在实验室 | |
| 元素灯的选择 | | 灯电流 | |
| 助燃比 | | 狭缝宽度 | |
| 分析波长 | | 原子化器高度 | |
| 仪器使用是否正常 | | | |
| 组长签名/日期 | | | |

## 六、填写原始数据记录表

**25.** 请参考原始数据记录表格，设计并完成本实验的原始数据表格（表 3-33）。

**表 3-33　凯氏定氮原始记录表**

| 样品数量 | | 实验环境 | 温度　　℃　　湿度　　% |
|---|---|---|---|
| 检验项目 | | 检验日期 | |
| 检验依据 | | 样品状态 | □液态　□固态　□其他 |
| 前处理方法 | | | |
| 仪器设备 | | | |
| 仪器条件 | | | |
| 1. 定量方法见附图，共　　页 | | 2."√"为确认符 | |
| 计算公式：□ | | | |
| | | | |
| | | | |
| | | | |
| | | | |
| | | | |
| | | | |
| | | | |
| | | | |

| | 加标物 | 加标量(　) | 本底值(　) | 测定值(　) | 回收率/% |
|---|---|---|---|---|---|
| 加标回收 | | | | | |
| | | | | | |

| 样品编号 | 样品名称 | 检测项目 | 称样量 $m$(　) | 体积 $V$/mL | 测定值(　) | 测定结果(　) | 平均值(　) |
|---|---|---|---|---|---|---|---|
| | | | | | | | |
| | | | | | | | |

备注：

检验员：　　　　　　　　审核人：　　　　　　　　第　　页共　　页

## 七、活动评价（表 3-34、表 3-35）

**表 3-34 活动评价 1**

| 医用胶囊中铬元素分析工作流程教师考核表 | | | | | | |
|---|---|---|---|---|---|---|
| 第一阶段：安全手册（9 分） | | 正确 | 错误 | 分值 | 得分 |
| 1 | 正确编写仪器组成 | | | 3 分 | |
| 2 | 正确编辑关键操作步骤 | | | 3 分 | |
| 3 | 正确编写注意事项 | | | 3 分 | |
| 第二 阶段：练习仪器开关机操作（27 分） | | 正确 | 错误 | 分值 | 得分 |
| 4 | 正确描述 AAS 各主要部件 | | | 2 分 | |
| 5 | 能分辨常用的仪器设备 | | | 2 分 | |
| 6 | 能分辨常用的原子化器 | | | 2 分 | |
| 7 | 能绘制原子化器结构图 | | | 2 分 | |
| 8 | 能调节原子化炉的高度 | | | 2 分 | |
| 9 | 能调节灯位置 | | | 2 分 | |
| 10 | 能描述更换等的过程 | | | 2 分 | |
| 11 | 能区分不同元素灯的差异 | | | 2 分 | |
| 12 | 能绘制火焰法测定样品的仪器流程图 | | | 2 分 | |
| 13 | 能编辑仪器分析方法 | | | 3 分 | |
| 14 | 正确进行仪器开机 | | | 3 分 | |
| 15 | 了解数据处理工具 | | | 3 分 | |
| 第三阶段：准备相关试剂及溶液（7 分） | | 正确 | 错误 | 分值 | 得分 |
| 16 | 溶液浓度计算，不同浓度单位的转换 | | | 2 分 | |
| 17 | 能根据元素标准溶液的正确配制 | | | 2 分 | |
| 18 | 能建立标准溶液相关的 Excel 表格 | | | 3 分 | |
| 第四阶段：实验条件优化（26 分） | | 正确 | 错误 | 分值 | 得分 |
| 19 | 优化原子化器高度 | | | 3 分 | |
| 20 | 优化狭缝宽度 | | | 3 分 | |
| 21 | 优化原子化温度 | | | 3 分 | |
| 22 | 优化原子化炉的高度 | | | 3 分 | |
| 23 | 优化载气和屏蔽气的速度 | | | 3 分 | |
| 24 | 建立元素标准曲线 | | | 3 分 | |
| 25 | 能完整填写 AAS 各分析参数 | | | 2 分 | |
| 26 | 优化分析波长 | | | 3 分 | |
| 27 | 优化灯电流 | | | 3 分 | |

续表

<table>
<tr><td colspan="6">医用胶囊中铬元素分析工作流程教师考核表</td></tr>
<tr><td colspan="2">第五阶段:样品采集及前处理(17 分)</td><td>正确</td><td>错误</td><td>分值</td><td>得分</td></tr>
<tr><td>28</td><td>样品代表性采集方案</td><td></td><td></td><td>4 分</td><td></td></tr>
<tr><td>29</td><td>能正确使用目筛</td><td></td><td></td><td>4 分</td><td></td></tr>
<tr><td>30</td><td>能微波消解样品</td><td></td><td></td><td>5 分</td><td></td></tr>
<tr><td>31</td><td>能对比原子吸收的前处理方法优缺点</td><td></td><td></td><td>4 分</td><td></td></tr>
<tr><td colspan="2">第六阶段:样品分析测试(10 分)</td><td>正确</td><td>错误</td><td>分值</td><td>得分</td></tr>
<tr><td>32</td><td>设计样品加标实验评估回收率</td><td></td><td></td><td>6 分</td><td></td></tr>
<tr><td>33</td><td>记录样品处理过程及仪器分析条件</td><td></td><td></td><td>2 分</td><td></td></tr>
<tr><td>34</td><td>对比不同样品的检测结果差异分析</td><td></td><td></td><td>2 分</td><td></td></tr>
<tr><td colspan="2">第七阶段:填写原始数据记录表(4 分)</td><td>正确</td><td>错误</td><td>分值</td><td>得分</td></tr>
<tr><td>35</td><td>能正确进行光谱检查</td><td></td><td></td><td>2 分</td><td></td></tr>
<tr><td>36</td><td>能正确设计并填写原始数据表</td><td></td><td></td><td>2 分</td><td></td></tr>
<tr><td colspan="4">医用胶囊中铬元素分析工作流程考核总计</td><td>100 分</td><td></td></tr>
<tr><td colspan="2">综合评价项目</td><td colspan="2">详细说明</td><td>分值</td><td>扣分</td></tr>
<tr><td rowspan="3">1</td><td rowspan="3">基本操作规范性</td><td colspan="2">动作规范准确,不扣分</td><td rowspan="3"></td><td rowspan="16"></td></tr>
<tr><td colspan="2">动作比较规范,扣 1～2 分</td></tr>
<tr><td colspan="2">动作较生硬,有较多失误扣 3 分</td></tr>
<tr><td rowspan="3">2</td><td rowspan="3">熟练程度</td><td colspan="2">操作非常熟练,不扣分</td><td rowspan="3"></td></tr>
<tr><td colspan="2">操作较熟练,扣 1～2 分</td></tr>
<tr><td colspan="2">操作生疏,扣 3～5 分</td></tr>
<tr><td rowspan="2">3</td><td rowspan="2">分析检测用时</td><td colspan="2">各分项按要求时间内完,不扣分</td><td rowspan="2"></td></tr>
<tr><td colspan="2">各分项未按要求时间内完成,扣 1～2 分</td></tr>
<tr><td rowspan="2">4</td><td rowspan="2">实验室 5S</td><td colspan="2">试验台符合 5S,不扣分</td><td rowspan="2"></td></tr>
<tr><td colspan="2">试验台不符合 5S,扣 1～2 分</td></tr>
<tr><td rowspan="2">5</td><td rowspan="2">礼貌</td><td colspan="2">对待考官礼貌,不扣分</td><td rowspan="2"></td></tr>
<tr><td colspan="2">欠缺礼貌 1 分,扣 1～2 分</td></tr>
<tr><td rowspan="3">6</td><td rowspan="3">工作过程安全性</td><td colspan="2">非常注意安全,不扣分</td><td rowspan="3"></td></tr>
<tr><td colspan="2">有事故隐患,扣 1～4 分</td></tr>
<tr><td colspan="2">发生事故,扣 5 分</td></tr>
<tr><td colspan="6">注:综合评价项目以扣分计,可按分项重复扣分,直至扣到零分为止!</td></tr>
<tr><td colspan="4">总成绩分值合计</td><td>100 分</td><td></td></tr>
</table>

表 3-35　活动评价 2

| 项次 | 项目要求 | | 配分 | 评分细则 | 自评分数 | 小组评分 | 教师评分 |
|---|---|---|---|---|---|---|---|
| 素养（20 分） | 纪律情况（5 分） | 按时到岗，不早退 | 2 分 | 违反规定，每次扣 2 分 | | | |
| | | 积极思考回答问题 | 2 分 | 根据上课统计情况得 1～2 分 | | | |
| | | 四有一无（有本、笔、书、工作服，无手机） | 1 分 | 违反规定每项扣 1 分 | | | |
| | | 执行教师命令 | 0 分 | 此为否定项，违规酌情扣 10～100 分，违反校规按校规处理 | | | |
| | 职业道德（10 分） | 主动与他人合作 | 4 分 | 主动合作得 4 分<br>被动合作得 2 分<br>不合作得 0 分 | | | |
| | | 主动帮助同学 | 3 分 | 能主动帮助同学得 3 分<br>被动得 1 分 | | | |
| | | 严谨、追求完美 | 3 分 | 对工作精益求精且效果明显得 3 分<br>对工作认真得 1 分<br>其余不得分 | | | |
| | 5S（5 分） | 桌面、地面整洁 | 3 分 | 自己的工位桌面、地面整洁无杂物，得 3 分<br>不合格不得分 | | | |
| | | 物品定置管理 | 2 分 | 按定置要求放置得 2 分<br>其余不得分 | | | |
| 核心能力（60 分） | 教师考核表______×0.60=______ | | | | | | |
| 工作页完成情况（20 分） | 按时完成工作页（20 分） | 及时提交 | 5 分 | 按时提交得 5 分，迟交不得分 | | | |
| | | 内容完成程度 | 5 分 | 按完成情况分别得 1～5 分 | | | |
| | | 回答准确率 | 5 分 | 视准确率情况分别得 1～5 分 | | | |
| | | 有独到的见解 | 5 分 | 视见解程度分别得 1～5 分 | | | |
| 总分 | | | | | | | |
| 加权平均（自评 20%，小组评价 30%，教师评价 50%） | | | | | | | |
| 教师评价签字： | | | | 组长签字： | | | |
| 请你根据以上打分情况，对本活动当中的工作和学习状态进行总体评述（从素养的自我提升方面、职业能力的提升方面进行评述，分析自己的不足之处，描述对不足之处的改进措施）。 | | | | | | | |
| 教师指导意见： | | | | | | | |

# 活动四　交付验收

**建议学时**：4课时

**学习要求**：该活动主要包括数据校验与质量保证、出具检测报告、编制作业指导书、编制仪器操作规程。具体工作步骤及要求见表3-36。

表3-36　工作步骤及要求

| 序号 | 工作步骤 | 要求 | 时间/min | 备注 |
|---|---|---|---|---|
| 1 | 数据校验与质量保证 | 能区分质量标准与检测方法标准 | 10 | |
| | | 掌握重现性评价方法 | 10 | |
| | | 掌握准确性评价方法 | 10 | |
| | | 掌握检出限评价方法 | 10 | |
| | | 掌握线性范围评价方法 | 10 | |
| 2 | 出具检测报告 | 正确填写报告 | 30 | |
| 3 | 编制作业指导书 | 编写医用胶囊中铬元素分析作业指导书 | 45 | |
| 4 | 编制仪器操作规程 | 编写AAS仪器操作规程 | 45 | |
| 5 | 活动评价 | | 10 | |

## 一、数据校验与质量保证

**1.** 本次实验过程中，我们参考哪些标准？哪些是质量限值标准？而哪些是检测方法标准？

**2.** 检测标准中规定的检测重现性如何评估？

**3.** 检测标准中规定的检测准确性如何评估？

**4.** 检测标准中检出限如何评估？

**5.** 请阅读下列资料，说明什么是仪器的检出限？检出限的操作方法？

检出限是指能以99.7%（三倍标准偏差）的置信度检测出试样中被测组分的最低含量或最小浓度，是仪器或分析方法的一项综合指标，也是检出能力的表征。

将仪器各参数调至正常工作状态，用空白溶液调零，根据仪器灵敏度条件，选择系列：0.0μg/mL、0.5μg/mL、1.0μg/mL、3.0μg/mL 铬标准溶液，对每一浓度点分别进行三次吸光度重复测定，取三次测定的平均值后，按线性回归法求出工作曲线的斜率（$b$），即为仪器测定铬的灵敏度（$S$）。

在与上述完全相同的条件下，对空白溶液进行11次吸光度测量，并求出其标准偏差(SA)。并按下列公式计算出检出限CL（表3-37）。

$CL=3\ SA\ /b$

式中　$b$——工作曲线的斜率。

**表 3-37 数据处理**

| 空白吸光度测量 | | | | | | | | | | | |
|---|---|---|---|---|---|---|---|---|---|---|---|
| 11 次空白标准偏差 | | | | | | | | | | | |
| 工作曲线斜率 | | | | | | | | | | | |
| 检出限 | | | | | | | | | | | |

请阅读下列资料，说明什么是仪器的定量限？定量限怎么计算？你的小组测定溶液的定量限是多少？

定量限是指分析方法实际可能定量测定某组分的下限。

定量限不仅与测定噪声有关，而且也受到“空白”值绝对水平的限制，只有当分析信号比“空白”值大到一定程度时才能可靠地分辨与检测出来。一般以 10 倍空白信号的标准偏差所相应的量值作为定量限，也有用 3 倍检出限作为定量限。

**6.** 检测标准中线性范围如何评估？

**7.** 请小组讨论，回顾整个任务的工作过程，罗列出我们所使用的试剂耗材，并参考库房管理员提供的价格清单，对此次任务的单个样品使用耗材进行成本估算（表 3-38）。

**表 3-38 单个样品使用耗材进行成本估算**

| 序号 | 试剂名称 | 规格 | 单价/元 | 使用量 | 成本/元 |
|---|---|---|---|---|---|
| 1 | | | | | |
| 2 | | | | | |
| 3 | | | | | |
| 4 | | | | | |
| 5 | | | | | |
| 6 | | | | | |
| 7 | | | | | |
| 8 | | | | | |
| 9 | | | | | |
| 10 | | | | | |
| 11 | | | | | |
| 12 | | | | | |
| 13 | | | | | |
| 合计 | | | | | |

**8.** 工作中，除了试剂耗材成本以外，要完成一个任务，还有哪些成本呢？比如人工成本、固定资产折旧等，请小组讨论，罗列出至少 3 条，并写出，如何有效地在保证质量的基础上控制成本（表 3-39）。

**表 3-39　成本计算**

| 序　号 | 项　目 | 单价/元 | 使用量 | 成本/元 |
| --- | --- | --- | --- | --- |
| 1 | | | | |
| 2 | | | | |
| 3 | | | | |
| 4 | | | | |
| 5 | | | | |
| 6 | | | | |
| 7 | | | | |
| 8 | | | | |
| 9 | | | | |

**9.** 小测试

某实验室接到国内比对通知——需要测定一未知蔬菜泥罐头中的铅、总砷、锡、镉、铬的含量，已知铅的浓度值 500～1000μg/kg，砷的含量 300～600μg/kg，镉的含量 100～200μg/kg，铬的含量 500～600μg/kg。请根据你实验室的情况给出测定方案测定砷元素时需要选择标准加入法，请你给出实验方案。(并画图进行说明可能出现的情况)

实验室内的仪器包括原子吸收 [火焰（D2 扣背景）-石墨炉（D2 扣背景或塞曼扣背景）]、原子荧光。

国内标准参考物质包括：菠菜、茶叶、黄豆、鸡肉（表 3-40）。

**表 3-40　国内标准参考物质**

| 项目 | 菠菜 | 茶叶 | 黄豆 | 鸡肉 |
| --- | --- | --- | --- | --- |
| 铅/(mg/kg) | 11.1±0.9 | 1.5±0.2 | 0.070±0.02 | 0.11±0.02 |
| 镉/(mg/kg) | 0.15±0.025 | 0.062±0.004 | (11) | (5) |
| 砷/(mg/kg) | 0.23±0.03 | 0.09±0.01 | 0.035±0.012 | 0.109±0.013 |
| 铬/(mg/kg) | 0.47±0.03 | 0.06±0.01 | (0.26) | 0.13±0.04 |

(包括仪器方法的选择、测定方法的选择、称样量、定容体积、测量时标准物质的选择)

根据每种元素的特性，你选择的仪器是哪种，列举出来。

选好仪器之后，你的小组选择的测定方法是哪种？请你列出可能的方案。

请你列出的方案中的消解方法，标准物质的选择、称样量、定容体积分别是多少？

你的小组的标准曲线是如何设计的，说出这样设计的理由？

分析一下你的小组在使用原子吸收时有无干扰情况，你们是怎么解决的？

## 二、出具检测报告（表 3-41、表 3-42）

**表 3-41　北京市工业技师学院理化分析测试实验中心**

**检测报告**

<table>
<tr><td rowspan="2">产品名称</td><td rowspan="2" colspan="2"></td><td colspan="2">型号规格</td><td></td></tr>
<tr><td colspan="2">商标</td><td></td></tr>
<tr><td>受检单位</td><td colspan="2"></td><td colspan="2">检验类别</td><td></td></tr>
<tr><td>生产单位</td><td colspan="2"></td><td colspan="2">样品等级</td><td></td></tr>
<tr><td>抽样地点</td><td colspan="2"></td><td colspan="2">送样日期</td><td></td></tr>
<tr><td>样品数量</td><td colspan="2"></td><td colspan="2">送样者</td><td></td></tr>
<tr><td>样品编号</td><td colspan="2"></td><td colspan="2">原编号或生产日期</td><td></td></tr>
<tr><td>检测依据</td><td colspan="5"></td></tr>
<tr><td>检测项目</td><td colspan="5"></td></tr>
<tr><td>检测结论</td><td colspan="5"></td></tr>
<tr><td>备注</td><td colspan="5"></td></tr>
<tr><td>批准</td><td></td><td>审核</td><td></td><td>主检</td><td></td></tr>
</table>

表 3-42 北京市工业技师学院化学分析测试实验中心

检测报告

| 水样名称 | | 取样日期 | |
|---|---|---|---|
| 水样编号 | | 送样日期 | |
| 取样地点 | | 检测日期 | |
| 样品登记编号 | | 报告日期 | |

| 序号 | 项目 | 检测限/(mg/L) | 实际含量/(mg/L) | | |
|---|---|---|---|---|---|
| | | | | | |
| 1 | | | | | |
| 2 | | | | | |
| 3 | | | | | |
| 4 | | | | | |
| 5 | | | | | |
| 6 | | | | | |
| 7 | | | | | |
| 8 | | | | | |
| 9 | | | | | |
| 10 | | | | | |
| 11 | | | | | |
| 12 | | | | | |
| 13 | | | | | |
| 14 | | | | | |
| 15 | | | | | |
| 16 | | | | | |
| 17 | | | | | |
| 18 | | | | | |

## 三、编制作业指导书

检测方法依据：

GB/T

适用范围：

测量范围：

（一）化学试剂（表 3-43）

**表 3-43 化学试剂**

| 序 号 | 名 称 | 级 别 | 包 装 | 试剂生产厂商 |
| --- | --- | --- | --- | --- |
| 1 | | | | |
| 2 | | | | |
| 3 | | | | |
| 4 | | | | |
| | | | | |
| | | | | |
| | | | | |

（二）标准物质（表 3-44）

**表 3-44 标准物质**

| 序 号 | 名 称 | 级 别 | 包 装 | 试剂生产厂商 |
| --- | --- | --- | --- | --- |
| 1 | | | | |
| 2 | | | | |
| 3 | | | | |
| | | | | |

（三）检测用仪器（表 3-45）

**表 3-45 检测用仪器**

| 序 号 | 名 称 | 型 号 | 规 格 |
| --- | --- | --- | --- |
| 1 | | | |
| 2 | | | |
| | | | |
| | | | |

（四）辅助设备（表 3-46）

表 3-46 辅助设备

| 序号 | 名称 | 型号 | 规格及厂商 |
| --- | --- | --- | --- |
| 1 | | | |
| 2 | | | |
| 3 | | | |
| 4 | | | |
| | | | |
| | | | |

（五）玻璃仪器（表 3-47）

表 3-47 玻璃仪器

| 序号 | 名称 | 规格 |
| --- | --- | --- |
| 1 | | |
| 2 | | |
| 3 | | |
| 4 | | |
| 5 | | |
| | | |
| | | |
| | | |
| | | |
| | | |

（六）其他耗材（表 3-48）

表 3-48 其他耗材

| 序号 | 名称 | 规格 |
| --- | --- | --- |
| 1 | | |
| 2 | | |
| 3 | | |
| | | |
| | | |
| | | |
| | | |
| | | |

（七）标准溶液配制（表 3-49）

表 3-49　标准溶液配制

| 序　号 | 名　称 | 配制方法 |
| --- | --- | --- |
| 1 | | |
| 2 | | |
| 3 | | |
| 4 | | |
| | | |
| | | |
| | | |
| | | |
| | | |

（八）化学试剂溶液配制（表 3-50）

表 3-50　化学试剂溶液配制

| 序　号 | 名　称 | 配制方法 |
| --- | --- | --- |
| 1 | | |
| 2 | | |
| 3 | | |
| 4 | | |
| 5 | | |
| | | |

（九）检测步骤

**1.** 样品处理（表 3-51）

表 3-51　样品处理

| 序　号 | 检测步骤 | 说　明 | 认　可 |
| --- | --- | --- | --- |
| 1 | 称取试样 | | |
| 2 | | | |
| 3 | | | |
| 4 | | | |
| 5 | | | |
| 6 | | | |
| 7 | | | |
| 8 | | | |
| | | | |
| | | | |
| | | | |
| | | | |

**2.** 仪器测定

① 仪器工作条件

② 校正曲线制作

（十）计算公式

式中：

（十一）检测方法对测定结果的规定

① 平行测定结果用算术平均值表示，保留小数点后一位。

② 相对偏差≤±5%。

## 四、编写仪器操作规程

请参考液相色谱仪操作规程，完成AAS的操作规程编写。

## 五、活动评价（表 3-52）

**表 3-52 活动评价**

| 项次 | 项目要求 | | 配分 | 评分细则 | 自评分数 | 小组评分 | 教师评分 |
|---|---|---|---|---|---|---|---|
| 素养（20 分） | 纪律情况（5 分） | 按时到岗，不早退 | 2 分 | 违反规定，每次扣 2 分 | | | |
| | | 积极思考回答问题 | 2 分 | 根据上课统计情况得 1～2 分 | | | |
| | | 四有一无（有本、笔、书、工作服，无手机） | 1 分 | 违反规定每项扣 1 分 | | | |
| | | 执行教师命令 | 0 分 | 此为否定项，违规酌情扣 10～100 分，违反校规按校规处理 | | | |
| | 职业道德（10 分） | 主动与他人合作 | 4 分 | 主动合作得 4 分<br>被动合作得 2 分<br>不合作得 0 分 | | | |
| | | 主动帮助同学 | 3 分 | 能主动帮助同学得 3 分<br>被动得 1 分 | | | |
| | | 严谨、追求完美 | 3 分 | 对工作精益求精且效果明显得 3 分<br>对工作认真得 1 分<br>其余不得分 | | | |
| | 5S（5 分） | 桌面、地面整洁 | 3 分 | 自己的工位桌面、地面整洁无杂物，得 3 分<br>不合格不得分 | | | |
| | | 物品定置管理 | 2 分 | 按定置要求放置得 2 分<br>其余不得分 | | | |
| 核心能力（60 分） | 数据校验与质量保证（19 分） | 发现、分析及解决问题能力 | 4 分 | 发现实验问题得 1 分<br>分析实验问题得 1 分<br>提出解决方案得 2 分 | | | |
| | | 质量标准与检测方法标准 | 3 分 | 能区分质量标准与检测方法标准得 3 分 | | | |
| | | 重现性 | 3 分 | 掌握重现性评价方法得 4 分 | | | |
| | | 准确性 | 3 分 | 掌握准确性评价方法得 4 分 | | | |
| | | 检出限 | 3 分 | 掌握检出限评价方法得 4 分 | | | |
| | | 线性范围 | 3 分 | 掌握线性范围评价方法得 4 分 | | | |
| | 出具检测报告（9 分） | | 9 分 | 报告完整、结果准确得 9 分 | | | |
| | 编制作业指导书（16 分） | | 16 分 | 作业指导书内容完整、详实得 16 分<br>有缺项，每项扣 5 分，扣完为止 | | | |
| | 编写操作规程（16 分） | | 16 分 | 操作规程内容完整、详实得 16 分<br>有缺项，每项扣 5 分，扣完为止 | | | |

续表

| 项次 | 项目要求 | | 配分 | 评分细则 | 自评分数 | 小组评分 | 教师评分 |
|---|---|---|---|---|---|---|---|
| 工作页完成情况（20分） | 按时完成工作页（20分） | 及时提交 | 5分 | 按时提交5分，迟交不得分 | | | |
| | | 内容完成程度 | 5分 | 按完成情况分别得1～5分 | | | |
| | | 回答准确率 | 5分 | 视准确率情况分别得1～5分 | | | |
| | | 有独到的见解 | 5分 | 视见解程度分别得1～5分 | | | |
| 总分 | | | | | | | |
| 加权平均（自评20%，小组评价30%，教师评价50%） | | | | | | | |
| 教师评价签字： | | | | 组长签字： | | | |
| 请你根据以上打分情况，对本活动当中的工作和学习状态进行总体评述（从素养的自我提升方面、职业能力的提升方面进行评述，分析自己的不足之处，描述对不足之处的改进措施）。 | | | | | | | |
| 教师指导意见： | | | | | | | |

# 活动五　总结拓展

**建议学时**：8 课时

**学习要求**：该活动主要包括项目回顾、技术总结报告、拓展练习。具体工作步骤及要求见表 3-53。

表 3-53　工作步骤及要求

| 序号 | 工作步骤 | 要求 | 时间/min | 备注 |
|---|---|---|---|---|
| 1 | 项目回顾 | 能采取具有代表性的样品 | 20 | |
| | | 检测过程的质量保证体系 | 25 | |
| 2 | 撰写技术论文 | 查阅参考文献，编写前言 | 30 | |
| | | 编写实验设计、实验过程 | 30 | |
| | | 编写实验结果 | 30 | |
| | | 正确进行结果与分析 | 30 | |
| | | 能发现实验出现问题，并提出解决方案 | 35 | |
| | | 能将方法进行推广、移植 | 30 | |
| | | 正确书写参考文献 | 30 | |
| 3 | 拓展练习 | 设计大米中镉元素测试方案 | 90 | |
| 4 | 活动评价 | | 10 | |

## 一、项目回顾

**1.** 根据 GB/T 5009.123—2003 总则要求，回顾实验设计，列出出现的问题，并提出及其解决方案。

**2.** 该如何设计实验，保证分析数据的质量？

**3.** 通过医用胶囊中铬元素分析，我们可以了解医用胶囊中铬元素的情况。请给出一份合理的建议，以便指导您的同学及其家人。

## 二、撰写技术论文

**4.** 请按下列要求完成一份该项目的技术论文，论文字数控制在 3000～6000 字。

技术论文包括以下几部分内容。①前言/介绍，查阅参考文献，说明项目的由来，研究、测试的目的、意义及必要性。②实验过程，说明解决问题的方式、方法、手段，体现实验设计、创新性等。③实验结果与分析，写出实验所得的结果，并对结果进行分析，合理解释，得出结论。④问题及解决方案，将实验过程出现的问题罗列，记录问题解决过程，提出解决方案。⑤推广价值，将该项目的现实应用进行推广，应用到更多领域。⑥致谢，项目涉及的个人、单位等。⑦参考文献，按相关性、重要性写出相应文献。

## 三、拓展练习

**5.** 请设计一个大米中镉元素的分析测试方案。

●小测试

(1) 任务过程中，如何确定仪器状态的稳定性？

(2) 任务过程中，如果空心阴极灯长时间没有使用，应该怎么办呢？请查找相关资料，描述空心阴极灯工作原理是什么？

(3) 在原子吸收测定重金属含量时，以下的注意事项你都做到了哪些？

① 使标准曲线上的点都在线性范围内，标准曲线法的最佳分析范围的吸光度在0.1～0.6之间，最大点最好不大于0.8ABS。

② 标准溶液与试样溶液要用相同试剂处理，保持基体一致，若试样溶液基体较复杂，无法使标准溶液与试样溶液基体保持相近，则应采用标准加入法进行测定。

③ 测定时要扣除背景和试剂空白。

④ 每次分析都要重新绘制标准曲线。

⑤ 校正曲线的实验点数目和各点重复测定次数要适当多。

⑥ 被测组分浓度要位于校正曲线中间部分。

(4) 任务完成以后，我们应该与企业对检测结果进行沟通，应该主要沟通哪些问题？

## 四、活动评价（表 3-54）

表 3-54　活动评价

| 项次 | 项目要求 | | 配分 | 评分细则 | 自评分数 | 小组评分 | 教师评分 |
|---|---|---|---|---|---|---|---|
| 素养（20 分） | 纪律情况（5 分） | 按时到岗，不早退 | 2 分 | 违反规定，每次扣 2 分 | | | |
| | | 积极思考回答问题 | 2 分 | 根据上课统计情况得 1～2 分 | | | |
| | | 四有一无（有本、笔、书、工作服，无手机） | 1 分 | 违反规定每项扣 1 分 | | | |
| | | 执行教师命令 | 0 分 | 此为否定项，违规酌情扣 10～100 分，违反校规按校规处理 | | | |
| | 职业道德（10 分） | 主动与他人合作 | 4 分 | 主动合作得 4 分<br>被动合作得 2 分<br>不合作得 0 分 | | | |
| | | 主动帮助同学 | 3 分 | 能主动帮助同学得 3 分<br>被动得 1 分 | | | |
| | | 严谨、追求完美 | 3 分 | 对工作精益求精且效果明显得 3 分<br>对工作认真得 1 分<br>其余不得分 | | | |
| | 5S（5 分） | 桌面、地面整洁 | 3 分 | 自己的工位桌面、地面整洁无杂物，得 3 分<br>不合格不得分 | | | |
| | | 物品定置管理 | 2 分 | 按定置要求放置得 2 分<br>其余不得分 | | | |
| 核心能力（60 分） | 技术论文（25 分） | 前言简介实验过程实验结果分析讨论问题及解决方案方法推广致谢参考文献 | 25 分 | 查阅参考文献，编写前言 2 分<br>编写实验设计、实验过程 5 分<br>编写实验结果 5 分<br>正确进行分析讨论 4 分<br>能发现实验出现问题，并提出解决方案 5 分<br>能将方法进行推广、移植 2 分<br>正确书写参考文献 2 分 | | | |
| | 拓展练习（35 分） | 汞元素分析 | 35 分 | 设计汞元素分析测试方案 35 分 | | | |

续表

| 项次 | 项目要求 | | 配分 | 评分细则 | 自评分数 | 小组评分 | 教师评分 |
|---|---|---|---|---|---|---|---|
| 工作页完成情况（20分） | 按时完成工作页（20分） | 及时提交 | 5分 | 按时提交得5分，迟交不得分 | | | |
| | | 内容完成程度 | 5分 | 按完成情况分别得1～5分 | | | |
| | | 回答准确率 | 5分 | 视准确率情况分别得1～5分 | | | |
| | | 有独到的见解 | 5分 | 视见解程度分别得1～5分 | | | |
| 总分 | | | | | | | |
| 加权平均(自评20%，小组评价30%，教师评价50%) | | | | | | | |
| 教师评价签字： | | | | 组长签字： | | | |
| 请你根据以上打分情况，对本活动当中的工作和学习状态进行总体评述(从素养的自我提升方面、职业能力的提升方面进行评述，分析自己的不足之处，描述对不足之处的改进措施)。 | | | | | | | |
| 教师指导意见： | | | | | | | |

## 项目总评（表3-55）

表3-55 项目总评

| 项次 | 项目内容 | 权重 | 综合得分(各活动加权平均分×权重) | 备注 |
|---|---|---|---|---|
| 1 | 接受任务 | 10% | | |
| 2 | 制定方案 | 25% | | |
| 3 | 实施分析 | 40% | | |
| 4 | 验收交付 | 10% | | |
| 5 | 总结拓展 | 15% | | |
| 6 | 合计 | 100% | | |
| 本项目合格与否 | | | 教师签字： | |
| 请你根据以上打分情况，对本项目当中的工作和学习状态进行总体评述(从素养的自我提升方面、职业能力的提升方面进行评述，分析自己的不足之处，描述对不足之处的改进措施)。 | | | | |
| 教师指导意见： | | | | |

**课程总评**（表 3-56）

**表 3-56 课程总评**

| 项次 | 任务内容 | 权重 | 综合得分(各活动加权平均分×权重) | 备注 |
|---|---|---|---|---|
| 1 | 任务一 | 50% | | |
| 2 | 任务二 | 25% | | |
| 3 | 任务三 | 25% | | |
| 4 | 合计 | 100% | | |
| 本课程合格与否 | | | 教师签字： | |
| 请你根据以上打分情况，对项目当中的工作和学习状态进行总体评述(从素养的自我提升方面、职业能力的提升方面进行评述，分析自己的不足之处，描述对不足之处的改进措施)。 | | | | |
| 教师指导意见： | | | | |